线条的魅力

钢笔风景建筑速写五十讲

唐乃行 / 著

中国社会科学出版社

图书在版编目(CIP)数据

线条的魅力:钢笔风景建筑速写五十讲/唐乃行著. —北京:
中国社会科学出版社,2024.3
ISBN 978 - 7 - 5227 - 3022 - 6

Ⅰ.①线…　Ⅱ.①唐…　Ⅲ.①建筑艺术—风景画—速写技法
Ⅳ.①TU204.111

中国国家版本馆 CIP 数据核字(2024)第 034836 号

出　版　人　赵剑英
责任编辑　郭晓鸿
特约编辑　杜若佳
责任校对　师敏革
责任印制　戴　宽

出　　　版　中国社会科学出版社
社　　　址　北京鼓楼西大街甲 158 号
邮　　　编　100720
网　　　址　http://www.csspw.cn
发　行　部　010 - 84083685
门　市　部　010 - 84029450
经　　　销　新华书店及其他书店

印　　　刷　北京明恒达印务有限公司
装　　　订　廊坊市广阳区广增装订厂
版　　　次　2024 年 3 月第 1 版
印　　　次　2024 年 3 月第 1 次印刷

开　　　本　710×1000　1/16
印　　　张　13.5
插　　　页　2
字　　　数　145 千字
定　　　价　79.00 元

凡购买中国社会科学出版社图书,如有质量问题请与本社营销中心联系调换
电话:010 - 84083683

目　录

第一章

我所理解的钢笔风景建筑速写

一 概括能力的重要性

风景建筑速写是绘画的一个门类，它不像油画或者国画那样能够形成单独的美术类领域里的某个专业，但却是美术专业基础素养的重要组成部分，甚至是很多艺术设计专业的基础课程。这源于它在造型训练和捕捉客观对象特征方面的独特优势，短时间的刻画表现，只强调必要的、生动的画面细节，物体重要的特征通过细节去呈现。因此，极强的概括能力应是风景建筑速写重点培养的基本技法，总能把握住画面的核心要素，且正确流畅地予以表达，有时候并不容易。成熟的技法固然是关键性因素，但更为重要的、深层次的领悟，我认为是发现场景内在的精神特质，能够和你主观的精神世界发生联系并形成共鸣，促使你面对风景或建筑场景时，产生创作的欲望，从而记录下眼前所见，完成一幅饱含个人情感的速写作品。

　　概括提炼本就是艺术处理的基本手法，适用于广泛的艺术门类，只不过对快速组织画面并表达出主体的速写来说，这种能力尤为重要。艺术作品往往是创作者主观感受的表露，有感而发，画我想画的，吾手写我心。当面对一个复杂的、充斥着各种自然环境元素或人工构筑物的场景时，如何才能做到"心手双畅"？通过概括繁复的场景内容，把其中的兴趣点加以提炼，组织成严谨又有深刻情感的图面，无疑是最有效的途径之一。概括提炼能力，让创作者手握魔术橡皮擦，剔除"碍眼"的物体，保留兴奋点，突出主要元素，清晰地捕捉到想要表达的主题，是创作中最强有力的趁手工具。"有感而画"，最能体现出速写这种短时间完成的、快速记录的绘画形式的情感价值，可以说，从对场景"有感觉"，到升华为精练的画面，概括和提炼的使用在这个过程中，起了决定性的作用。

二　"速"与"写"

　　自然环境或人文环境中，总有一些物体吸引着我们的内心和眼睛，它让我们停下来，驻足观察，提笔描绘，完成一幅幅畅快淋漓的作品。这些作品的制作过程或快或慢，有时也会间断，几天后再回到画面，但场景中包含的精神特质对我们的吸引并未减弱，甚至日渐增强，技法的直觉一直存在，也指导着我们获取清晰的创作思路，直到画面效果让自己满意为止，这种创作的欲望才能逐渐平息。

　　不管所花时间的短长或是时间跨度有多大，总也绕不开一个"速"字。从字面上理解，速就是要快一些，短时间内持续地成就画面。但创作的主体不尽相同，不同的表现形式、手法和不同的刻画对象，决定了"速"并非绝对意义上的快，它是相对而言的，基于你对客观对象的记录方式。例如，我们研究中国古建筑的木质构件，难免会碰到传统吉祥装饰纹样。这些东西要慢慢画，才能表达清楚应有的细节特征，所花的时间必然会长。再就是场景内容包含的物体较多，需要一一交代，时间也会相应增加。因此，创作过程的快慢并不单纯体现在一个"速"字上，它关联的也并非只有时长。字面意思的背后，更重要的，是一种创作情绪的延伸，即使是起稿以后，由于某些原因间断几天才完成的作品，作者依然会对其保持创作的热情，直到绘制完成。因此，速写的兴奋期有时长有时短，这是"速"字体现出的另一种含义，就是对画面气息的把握，在短时间内不会很快消散，具备连贯性的特点。

　　"写"是把眼前景物落实到纸面上的具体行为和方法，概括提炼依靠眼、脑对外部事物的判断分析，然后总结出一个最佳的画面组合和表达方案，"写"则是负责对这个方案的执行，能执行到什么程度，体现出"写"的水平，也就是速写技法的熟练程度。与技法息息相关的，是最终由其造就的风景建筑速写的风格，整体画面的艺术感，粗犷的、细腻的、严谨的、随意的，都由其决定。无论什么样的风格，都有自身的绘画逻辑思维，作为初学者，应择优而习之，尽量能深入这种风格，研究其背后隐藏的艺术表现法则，而不是照猫画虎、仅懂皮毛，探索画面本质才能完全吸收技法的养分，最终为自己所用。须着重提醒的是，如果要临摹现成的作品，切记找那种造型严谨、画风扎实、功底深厚的来画，避免一开始就误入花里胡哨、天马行空的歧途，特别是艺术设计类专业的学生，想要打好造型艺术表现的基础，更应慎重。

三　钢笔风景建筑速写的工具

钢笔风景建筑速写的创作媒介，其实简单得很，一支笔，一张纸，随时随地都可以画，但想找到自己使用起来顺手又可靠的工具，则需要摸索着积累些经验。先来说说这"一支笔"，也就是钢笔，速写用的钢笔，不同于平时的书写类钢笔，它对于墨水的流畅程度和线条的稳定性有更高的要求，画的时候不能断线。在处理暗部和阴影块面时，宽头钢笔也就是美工笔，更加得心应手，这样的笔粗线、细线都可以画，粗线均匀不毛糙、易控制，细线流畅不断开，可随用笔力度，使线条有轻微的粗细变化。这几点是判断一支笔是否好用的标准。钢笔在书写时通常要用力些，点、横、撇、捺才能具备抑扬顿挫的韵味，而风景建筑速写的用笔技巧有很大不同，平直的线条较多，快速线条或扫线时常碰到。"工欲善其事，必先利其器"，钢笔尖应时刻保持出墨的畅通，突然出现的"糊笔"现象，极其影响创作的心情和水平发挥。说到"糊笔"，就不得不提墨水，好的墨水不易风干，不易堵笔头，易清洗，无异味。户外写生时风吹日晒，笔尖格外容易干，尤其是碳素墨水，不耐用，要谨慎购买。优质墨水虽然价格略贵，但用起来便（biàn）宜，毕竟一瓶墨水可以用数月甚至数年。

　　与铅笔轻重缓急、富于变化的笔触相比，钢笔线条不能修改，色调浓淡不能控制，这无疑增加了速写的难度。在动笔之前，心中应营造出一幅画面，遵循着预想的构图，逐步完成整幅速写，并达到令自己满意的效果。这期间应尽量不要出现错误，确保透视关系在可信的范围内，景物的前后穿插提前规划好，针对不同物体和表面质感差别，选择合理的钢笔线条组合及表现手法等，熟练地做到这些是钢笔风景建筑速写一挥而就、不易出错的保障。但速写的本质属性里又包含放松的随性创作特点，画面随意感强，好的作品灵性十足，如果一味强调画面严谨、不差分毫，势必会使最终效果缺乏通透灵动之感，导致画面过紧而不放松。所以，画的时候不必过于担心出现错误，即使出错，也可以通过一些方法边画边修改。放松的心境带动灵活自如的双手，一幅有意境的速写才能跃然纸上，引起观者的心理共鸣。抓住偶然性，对画面效果既要提前预判，又不能循规蹈矩，预判只是基于透视和技法对要实现的目的所做的规划，最终要回到创作的执行过程，对结果可预判又不能完全预见，这是钢笔风景建筑速写的魅力所在。钢笔线条的不可修改，正是它吸引人的精髓之处，脱离草稿，赋予钢笔尖儿以最大的自由，才能创造速写效果的极致偶然性，请牢牢记住这一点，并于日常创作中尽力践行，直到获得鲜活的画面生命力。

除了钢笔，纸张是另外一个重要的材料。钢笔速写后期不上色，对纸张的要求就没有那么高。市面上的速写本，有相当一部分是适用于铅笔的，质地略粗，颗粒感强，甚至纸面较为毛糙，这种就不适合钢笔速写的创作。还有一些是水彩笔适用或者马克笔适用，主要考虑后期颜色渲染的需要，价格稍高。钢笔速写适用的纸张，只要表面不过于粗糙或过于光滑，都是可以的，好用与否的标准，主要是看钢笔尖儿在纸上运行时能不能产生较为舒畅的摩擦力。个人习惯的差别也很大，习惯了某种纸，可以坚持使用，避免更换过勤。新手初练，普通的打印纸即可，方便经济。如果外出写生，建议带尺寸适宜的速写本，我个人较习惯于 A3 规格的纸张，场景内容复杂时，也不需要担心纸面太小。

四　眼、手、脑的配合

必要的工具准备妥当，就该考虑如何能正确高效地提高自己的速写能力和水平了，我认为，眼、手、脑的相互配合是最为有效的途径。

俗语说"眼高手低"，大致的意思是，欣赏水平和辨别能力处于较高的层次，但手头功夫尚欠火候，这放在钢笔风景建筑速写上同样适用。其实，眼高手低说明还存在进步的空间，就怕"眼低手高"，具备了一定的技法，却不懂得评价作品好坏的标准，找不到前进的指引方向。由此可见，"眼界"的开阔会直接影响钢笔速写最终的水平，它是决定你能否走上正确的进步道路的关键。分得清高水平主流作品的艺术美感和表现技法，对于初学者来说尤其重要，这就仿佛找到了一位良师益友，他在你困惑和踟蹰不前时点上一盏明灯，给予指引，这是眼界最重要的功能层面的作用。

善用"眼"的另一个含义，就是勤于观察和捕捉，当面对纷繁的客观环境时，自然的、人文的、历史的等各类元素交织在一起，色彩斑斓、形体各异，从庞杂的场景里挑拣出我们要画的东西，依靠的就是观察的能力。观察能力的提高，是一个循序渐进的过程，从一开始面对场景，不知从何着手，到看见什么画什么，再到想画什么画什么，通过有意识地训练我们的眼睛，从眼之所见中剥茧抽丝，捕捉到令人动容的那个画面，这是长期观察、感受、训练的结果。把普通、平凡的生活场景升华为生动、有活力的艺术画面，"眼观"先于技法和内心情感世界发生了联系，并使之萌发出一种创作的欲望，这种欲望只关注最动人的兴趣点，忽略无关紧要的细枝末节。这种对兴趣点或兴奋点敏感度的培养，实际上来源于日常大量的技法练习，例如，我们专心学习了树木的钢笔表现技法，在临摹学习的过程中，脑海中无数次把笔下的事物与实际的树木对照、概括，树木的明暗层次怎么画，枝条的穿插关系怎么把握，树叶的具体形态用什么线条表现，阔叶的还是针叶的，整体树形怎么控制，等等。所有这些问题都在画的过程中解决，经验就这样积累起来了。然后，当我们身处树丛中观察时，就会不由自主地考虑这棵树应该用什么样的技法画出来，最细节的部分要用哪种线条组合才适宜，这时学到的技法，反作用于我们日常的观察，促使我们在观察物体时更加深入和确切，眼力、眼界在这个循环中不知不觉得以提升和扩展，最终与技法相辅相成，而创作的欲望，在身临其境时也会自然涌现。

眼界的提高带动技法的精进，技法的熟练促进眼力的敏感，这个良性循环是水到渠成般的结果，自然而然地发生。勤于技法的练习就像一针催化剂，不断推动着这个化学反应的进行。前期的投入总会在恰当的时候给人以超出期望的回报，钢笔速写技法，勤奋刻苦地练习总是如此，量的积累达到了，在不经意间使用它时，往往会有惊喜。

我们于风景的某个角度，观察、分析，定格好一处场景，然后构图取舍，组织景物元素，最终完成一幅优秀的钢笔风景建筑速写作品。手头功夫是这一切顺利进行的基础，或者说，具体的钢笔速写技法的正确使用与否，决定了创作结果的优劣，"手"对风景建筑速写至高无上的统治力毋庸置疑。技法千差万别，因人而异，画面效果自然就不相同，体现着风格迥异的审美情趣。对于什么样的钢笔速写技法是高超的或者是高级的这个问题，我们应该有自己的识别标准，任何学科或技能的主流发展道路，都必须以前期的深厚基础作为铺垫，审美情趣、艺术修养在长期的先修课程中逐渐培养起来，再经过无数次的总结、概括、修改、完善，才能最终形成具有鲜明个人风格的钢笔速写技法。因此，高超的钢笔速写技法需要有深厚的基础和长期的实践做保障，它博采众家之长，融会贯通，厚积薄发，从立意、构图、虚实、疏密，甚至是线条的质量上，都能反映出创作者正统厚重的艺术功底。与此形成鲜明对比的是一些所谓贪图快速而随意进行的涂抹，这样的画面看不出任何功底，创作出的速写作品大都充斥着同样的味道，就像套娃模式，风格飘忽无根基。我们并不是要否定速写的"快速性"，而是想指明，即使用时短暂的风景建筑速写作品，也会让人感觉虚实取舍得当，重点突出，该抓的细节必须抓到。特别是写生时，我们描绘的是客观世界中存在的物体，交代清楚画面的兴趣点是首要的任务，如果无法深入地描写，只能说明眼力尚浅和技法的火候未到。

手头功夫是漫长积累的过程，没有任何捷径可走，如果真有捷径，那就是正确的指引和科学的练习方法。不经过数量的磨炼，技法终究摆脱不了"稚气"，"量"是质的前提，画的足够多，技法才能更成熟，才可形成个人的风格标签。手上功夫的日常练习，有一点需要谨记，那就是尽量不给自己留弱项，且要均衡发展，这样形成的风格体系才能统一、完整。风景建筑速写技法涉及的方方面面均要涉猎、吸收、分析、总结，使各类物体的表达能和谐一致、整体划一，淡化拼凑的痕迹。如果植物的刻画是弱项，则要针对它进行专项练习，分类研究，针对不同地区、不同物种的植物特征该如何表现等，一一搞清楚，直到烂熟于胸、信手拈来。

写生是提高手头技法最高效直接的方式。面对客观环境，将临摹学到的招式融合到画面里，体会思考，再认识、掌握，直到完全消化吸收，最终摆脱临摹的束缚，真正变成自己的技法。每一张认真完成的写生作品，都是技法层面的一次提高与升华，可能画面尚存不足或是有待改进之处，但这正是下一张写生作品可以进步的空间。

实际绘画中需要掌握的具体技法多不胜数，也对应着客观环境中的各类物体表现。建筑的线平直有力，刻画植物的线松散有张力，而描写水面则要流畅纤细，不同的建筑材料质感，植物叶片粗细，又对应着厚实、光洁、放松、严谨等的若干线条的用法。组织梳理一幅钢笔速写的内容，也就是厘清了画面里刚柔并济、轻重缓急、抑扬顿挫的钢笔线条。如此多的线，融合汇杂，短长相接，曲直相合，依靠一种秩序规则，和谐地存在于一个画面中，相互映衬、相互补充、相互依存，组成了风景建筑速写巧构图、重虚实、分疏密、有主次的表现特点，并使创作者的情感宣泄和环境意境达到高度的融合统一。

没有坚实成熟的技法支撑，这一切都无法实现，掌握技法的多样性，回归手头功夫的本质，是提高速写水平最基本的做法。技法本身的掌握有时并不难，只需多练即可，重要的是我们学习技法的原则方式，生搬硬套是最不明智的，把学到手的各种技法融会贯通，统一在一种表现语言里，灵活使用，才是最佳的学习技巧。我们每次面对的场景必不相同，创作情绪也会因景而变。抓住这些微妙的变化，体现出技法里包含的不同情致和感思，乃是超越单纯技法层面的质的提升。重技法，而不沉溺于技法，但又扎根于技法的土壤获取养分，这是在钢笔风景建筑速写的道路上能不断提升自己水平的不二法则，也是使速写技巧推陈出新、逐步完善的关键环节，"师古不泥古，创新不离宗"的观念极好地说明了我们对待学习技法的态度。技法的创新仍然需要扎实的基础，需要在日常练习和实地写生时总结提炼，遵循正确的表现技法发展道路。

眼与手的结合创造着二维的画面，以眼捕捉，以手描绘，只是机械性地将客观对象搬运到纸上，忠实地记录画面并不违背艺术的准则，但更为重要的是，每个人都会在自己创造的画面里掺入主观感受和想表达的情绪，这是脑对眼和手的影响。眼、手抓住了场景的形，而心、脑赋予了作品以情感，触景生情，而后带着对场景的情结，以手写之，完成一幅风景建筑速写的创作。

对客观环境因素的取舍组织，对场景内容的总结凝练，都源自外部环境对大脑的刺激之后产生的创作欲望。眼睛的观察只完成了对景物的摄取，立意构图、思想表达、意趣情境等方面的把握，来自创作主体的主观感受，对景物流露出来的心思均源于脑。钢笔风景建筑速写，面对的是客观环境，依靠眼观手写，只能取其形，经过脑的"构思"，才能立其意。对客观场景的深刻领悟，情感和意趣的涌现，是脑对景物的敏感，更是内心对生活中平凡之美的向往。心、脑的修为决定了一幅作品格调的高低，体现着作者的艺术涵养，手上功夫则是画面构成的根本，也是优秀技法应具备的基本素质，它是将客观环境中眼所观察到的内容呈现在二维纸面上的具体执行者。

眼、手、脑在短时间内的默契配合，完成了一幅情景交融的、高质量的风景建筑速写，感性与理性和谐统一在画面中。线条的使用有"工"有"写"，构图虚实得当，物体形象生动灵秀，兴趣点突出，眼、手、脑三个环节的发挥，对一幅作品的生成具有决定意义。除此以外，多看、多画是使技法不断改进的唯一途径，尽量找比自己画得好的作品看，找经典来看，看出门道，搞清楚这些作品到底好在哪，思考怎样能为我所用，如何与自身的技法融合。看过之后，不要即刻抛诸脑后，而是要投身到写生中去实践、训练、总结、改进，"不积跬步无以至千里"，足够的训练容量，漫长的坚持，对技法的提升事半功倍。只有这样，才能在风景建筑速写的道路上扎扎实实地进步。

第二章

聊聊线条

一 徒手线条的表现力

对钢笔风景建筑速写来说，线条的重要性堪比生命线，它犹如画面的灵魂，流淌着或粗放或精微的细节之水。钢笔速写的技法，本质上是线条运用的技法，作为技法的依托，线条的熟练度在一定意义上代表了技法的水准。如果线条生疏、生涩，再好的立意构图，也出不来效果，因此，作为钢笔速写的基本功，线条是绕不开的必修课。

我们所说的线条，是徒手制造的线条，不借助任何尺规工具。基于这个特性，线条的风格自由洒脱，变化丰富，体现着强烈的个人风格色彩。甚至有时仅仅通过画面中的"线"的使用，我们就能判断这是哪个人的作品，其强大的表现力可见一斑。

想要形成特征明显的个人风格，对线条的研究、使用必不可少。对于钢笔速写来说，所有要表达的物体，均由线条组成，它是画面里最基本的构成元素，所有风格和效果的差异最终都能追溯到线条的用法。客观环境中除了人工构筑物，就是天然生长形成的物体，包括各类植物、山石、湖泊、水面、田野风光，甚至四时气候等要素，每个要素本身又有千差万别的特征，植物是阔叶还是针叶，是常绿还是落叶，是乔木还是地被，等等，这些本质的特征反映在速写的画面里，都分别对应着各自的线条表达方式。特别是钢笔风景速写中，树木占的比重较大，各种各样的树木种类、分枝方式、树叶形状、树冠形态等，决定了线条运用方式的差异。熟练地驾驭了线条，还要梳理不同物种对应的具体技法，使单纯的画线依附在具体技法上，产生价值和效益，才是有生命力的线条。

枝叶密集、叶片细小的大树冠，能形成遮天蔽日的效果，没有太多的空隙让光线穿过，所以，在强烈的阳光照射下，明暗对比明显。叶片形成的大片树冠质感厚实柔和，刻画这样的树木，线条要短而曲，集中于暗部，与亮部产生对比，着重于暗部树叶的描绘，线条方向多变，灵活丰富。亮部则是留白或简洁处理，线条稀疏，节奏感强一些。但针叶树的线条使用技法则完全不同，没有阔叶树的分枝生长方式，没有大片的树冠，难以形成树冠亮部和暗部的强烈对比，并且树叶的形状细长，这种特征的表达就不能用柔和的线条，而可以尝试短、直的小线组，营造硬和挺拔的气质。树冠的亮暗对比不宜过多，局部形成小的线条排列，体现疏密关系即可。

　　树木的生长体现的是自然环境的外力作用，其外观也是适应自然环境的结果。在钢笔速写中呈现这种自然的痕迹最为耐人寻味，也最值得我们静下心来，去仔细研究、品读线条和形体表达之间的微妙关系。

　　人工构筑物包括各类建筑物、道路、硬质的地面铺装等人为制造的物体，也包含具有人文价值的各类古村落和历史遗迹。人工的物体和自然生长的生物体在外观上差异巨大，构筑物由各类材料按一定结构方式组合而成，表面具有建筑材料的质地和色彩，这样的特征决定了它和自然物体相比，在线条表达用法上的本质差别。例如，对建筑物而言，其外观多为平直线条，少有曲线和生物体的不规则性，即使是传统建筑，也多以就地取材的自然材料为主，砖石、竹木居多，并且取方正中直的形状，其中或许穿插一些细碎的装饰物件。因此，不论是传统古建筑，还是现代建筑，最多的是直线条的使用，考验的是徒手画直线的能力。我们借助光影关系来刻画材料特征，从而完成整体的建筑速写，所以，建筑材料在自然光线下的表达是钢笔建筑速写的重点所在，也是我们实践线条用法的目标之一。

　　钢笔风景建筑速写中，任何物体的刻画，对线条的使用，必须结合环境的光影关系，也就是说，如果没有光线，没有明和暗的对比，线条将没有存在的意义。我们要表现的是充满光线的环境中物体所呈现的形态，因此，线条依附于光线而存在。自然界阴晴变化，光照时强时弱，实际写生中要用手中的线条抓住那一瞬间打动人的光影流转。强烈的阳光或是柔和的漫反射，使同一物体呈现出来的视觉特征时有不同，引发的创作感觉也不一样，这种感觉提示着内心和头脑，应该调动哪种线条完成对场景的诠释，快节奏的、流畅的、规整的或是柔和的、细密的、杂乱的等，每种类型的线条代表了各自的创作情绪，也是彼时当你面对眼前场景时，对表达对象所做的最优的线条选择方案。

最优的线条表现方案，只是针对自身有限的水平来说，这其中掺杂着个人对客观环境的理解以及对技法掌握的深度与熟练度。采用什么样的线条组合演绎所见的景象，当然是由要表现的客观主体所决定的，就像我们前边提到的，表现树木植物的线条和表现建筑的线条截然不同，是为了更加准确地表达出物体的固有特征，依赖于平时的学习和实践的经验，脑海中会习惯性地总结出一套我们认为合理的线条使用方法去画眼前物体。

还有一种因素会影响我们对于线条组合使用的选择，那就是画面的整体关系，画面整体关系是否和谐，直接影响钢笔速写的最终效果。一幅钢笔速写作品，物体的刻画和明暗色调的渲染均是由若干线条按一定的规律排列而来，线条虽然是表达着不同性质、不同形状的物体的基本组成，但同一画面里，这些线条又相互映衬、相互制约、相互影响，在交织的关系里组成一幅画面整体。出于对整体关系的考虑，要使画面内容和谐统一，因此选用什么样风格的线条表现客观物体，也是值得我们仔细考量的一个因素。

粗犷的线条和精细的线条，从视觉上看不相融合，一个写意，一个工笔，造就的效果也完全不一样。如果在写生创作前，出于环境景物和立意表达的需要，在构思表现技法时，我们规划好了一套可行的方案，但在具体实施过程中，仍然会根据实际需要进行相应的调整，这其中就包括了对画面整体关系的时刻关注。线条的使用应当服从于整体效果的实现，即使画前预先设立好了线条风格，也要针对现实需求边画边调整，使线条之间的关系更加融合统一，也使画面更加整齐而不凌乱。混乱的线条无法统一。在风格化的画风中，粗犷线条的意境表达往往给人留下思索与遐想的空间，流露一种轻松豁达的创作心态，而精细的线条，是严谨、合理和深入的表现，适合于建筑的研究性速写，二者并不兼容，硬要拼在一起，难免不伦不类，使最终效果大打折扣。

在漫长的线条使用练习过程里，都会或多或少形成浓郁的个人色彩，线条经过了若干次的学习、吸收、实践的磨合已经趋于成熟和稳定。从这一点来理解，即使是刻画不同物体的线条，相互之间也是融合的，在相同的创作逻辑思维指引下，柔和的线和坚挺的线也存在某种贯穿的气息和必然的联系，这是钢笔风景建筑速写长期训练的结果，也是统一在个人风格下的必然。

二 线条与透视

线条的力道最能体现手头功夫，熟练地用线条表现各类环境中的物体，形成风格鲜明的创作语言表达体系，需要漫长的写生实践过程，非一朝一夕可以练就。线条从生疏晦涩到洒脱自如地使用，离不开数量的积累，但这其中有一个很重要的因素不能被忽视，那就是对速写画面中透视规律的研究和运用。用来表现物体的线条都按既定规则组织在画面中，这些规则当然包括物体本身的属性特征，除此之外最重要的，我认为是为画面提供构筑原理的透视法则。任何出现在画面视野之内的物体，都遵循着相同的透视规律而存在，无一例外，即使是树木这样的生物体结构，也有透视的规律可循，并依附于总体的透视形式上。

建筑速写的线条受透视关系的影响和约束更多一些，建筑的外观多是几何形体，有更为明确的透视形式，因此在实际写生创作中，建筑线条的使用，无论是外轮廓还是细部材质刻画，都要受到透视关系的制约。该指向透视消失点的线条，要尽量严格控制在正确的方向范围内，虽然不用像电脑绘图般准确无误，但仍然要大差不差，合理可信；相互之间应该平行的线条也要尽量平行。徒手线条较为宽松的一点，是允许出现细微的偏差，这也是钢笔速写这种自由的艺术形式的特权。由此可以看出，貌似随意洒脱的钢笔速写，抛开艺术化的表层，其背后隐藏的仍然是科学严谨的透视原理和构图法则。

透视关系对钢笔风景建筑速写来说，如同一种指引，引导着线条出现在正确的位置上，织就一张由线条构成的透视关系的网，所有线条在这张网上交织、融合，具有了统一的生命力，具有了相同的标识性，也最终造就了画面的风格走向。不得不说，透视法有时更加具有决定意义，决定你选择怎样的线条风格铺陈在画面里，以顺应透视的要求。

在钢笔速写构思之初，应该就限定了画面的透视形式。当面对一片具有对称关系的欧洲建筑的街景，我们准备采用具有仪式感和庄重感的一点透视去表现画面，显然放松杂乱的线条形式并不合适，而应运用严谨规整的线条来完成刻画，这样更加契合速写内容的主题性。当然，这并非绝对，也不能一概而论，放松的线条未必不能画出严谨的感觉，但在最终效果的庄严性上，平直的线条形式更加容易接近这样的画面目标。但如果我们面对的是依地形而建的传统建筑群落，树木植被自然地生长着，建筑大小不一，呈散落状，我想，表现这样的场景，活泼的两点透视形式或多种透视关系并存，是更加合理的选择。同样的道理，线条也应该跟随透视关系的定位，丢掉刻板严谨的风格，转而采用轻松、流畅、随意性的线条组合，更容易抓住场景的灵魂，捕捉到场景打动人心的第一眼感觉。

这就是透视关系对于画面、对于线条使用所产生的积极影响。它们之间的关系耐人寻味，总能产生微妙的化学反应。如果对透视关系和原理的掌握非常熟悉，则会对画面构图有良好的辅助作用，画面内容取舍将不再困难，且极易抓住要刻画的主体，并使之突出。线条的运用在透视的约束下，经过长期练习，将会越来越游刃有余，即使场景里有光线、明暗等限制条件存在时，也总能完成各类物体的交代和呈现。在"科学"建构的框架内，"艺术"得到了规范的理顺，它们是互相促进的依存关系。

画面构图和线条表达的精进，又能反过来加强速写的透视效果，使之更加丰盈，更加能脱离透视理论的枯燥感，增加画面应有的艺术感和活泼生命力。构图基于透视，遵循着客观的图面构筑原理，更能使表现的中心思想凸显于画面，使速写的兴趣点和画面中心在视觉感受上得以强调。线条本身没有透视，但若干线条的组合形成了一个体系，它增强了视觉意义上的透视感，让画面里众多的物体统一在这个大关系下。可以说透视仅为画面提供了骨架，但线条使其具有了鲜活的生命之躯，并注入了盘活画面的血液，艺术创作的效果也由此而来。

因此可以看出，透视、构图、线条本身就是相互依存、相互促进的关系，每一项的提高都能对其他相关项产生积极的促进作用，每一个弱项也会在其他项提高进步时产生阻碍，使钢笔速写的水平提升不那么顺利。但长期坚持不懈的练习实践，正是解决所有问题的关键，特别是初学者，更应该扎扎实实走好每一步，均衡提升各方面。

三　线条水平提高的途径

线条水平的提高，还是要在透视、构图提供的理论基础上，尽量多做训练。限制条件下的训练将会有助于对线条的精准把握，目的性和指向性更具体。在纸上随意、随手画线的练习，意义并不大，虽然它也可以帮助我们熟悉线条性质，提高画线的"感觉"，但漫无目的的线条缺少了具体刻画对象的限定，如同体育比赛没有规则，无法分出水平高低。画线的目的在于使用它，线的形式多种多样，对应着分门别类的各色物体。因此，学以致用是线条练习的原则，它们最终都要运用到实际写生中，解决实际的问题。想要线条有长足的进步，必须考虑日后对它的使用要求，有时候"按图索骥"能更高效地找到线条练习的捷径，少走些弯路。

初期的入门学习，为了理解线条的属性，可以单纯地进行线条排列、组合等基础性练习，以熟悉"线性"，打好基础。这样的练习应适可而止，不必抓住不放，必须逐渐由单线的训练过渡到具体实物的刻画，在实战中提升线条的使用能力。如果在刻画具体实物时感觉某些线条不能趁手地使用，则可以再回过头，专门加强此类线条的练习。比如对直线技巧的掌握不到位，该画直的线总也画不直，影响了形体的表达，这时候就要针对徒手直线条的绘制进行相应的研究和再练习，找到画不直的原因，分析清楚到底是坐姿的问题，还是手型的问题，或是工具不顺手的原因，有目标地去解决问题，最后再到实践中检验直线的回炉练习效果。所有类型的线条都要经历如此反复的过程，才能最终得心应手，熟练使用。任何基础性的练习最终都要回归实际应用，在应用中完成线条的二次升华，在分析总结中完成主观上和客观上对线条使用的分类，重要的原因就在于，只有和客观物体结合起来，线条才有生命力，才能使线条应用的技巧向技法化转变，在面对不同物体时才能游刃有余。线条的主观分类，在使用过程中依靠经验的积累才能完成，这是自然渐进、水到渠成的过程。

如同前面所述，线条的水平提高总需要枯燥而漫长的过程，但理想状态的线条到底是什么样的？每个热爱钢笔风景建筑速写的人都会有不同的答案，判断的标准在每个人心中，并且会随着眼界、基本功力和欣赏水平的提高而有所改变。当我们刚开始接触这种绘画形式，看着别人完成的作品，满是羡慕的神情，但我们并不具备辨别水平高低的能力，只是觉得画面很好看、很震撼，对于构图、明暗刻画、线条运用等技术层面的问题，完全不了解，没有判断的主观意识。随着接触的增多和深入，临摹的图达到了一定数量，对画面已经形成了初步的认识，对技法的优劣也有了自己的评价标准，这使得我们已然对风格多样的各类画法有了自己的看法，并总是寻找喜欢的类型进行临摹，对于线条的体会越来越深入，使用越来越熟练。再回过头去评价线条时，我们已经有了自身的标准，当然，那只是某个阶段的评价标准，这会随着时间推移而发生改变。起初以为，好的线条应该是直线时平整有力、力透纸背，曲线时流畅柔韧、气息连贯，我们将更多的注意力放在了线条本身，放在了技法层面，觉得刻画得精彩、细致，事无巨细地表现出方方面面的线条，就是好线条，就是理想的线条。这样的看法无可厚非，甚至是绝大多数人一致的观点，每个初学者都会经历这个阶段，也必须经历这个阶段。能深入细致地描绘物体，体现出能深入细致地观察物体，这对眼力的提高极有帮助，首先要能观察，看到细节，才能刻画出来，这是一个提高极快的阶段，沉浸在抓住细节的满足感里，以至于总想着把画面里包含的物体都画一遍。正是这个过程让我们掌握了大多数物体的表达方法，在实际的写生创作中，更加游刃有余。

但是，事物总有两面性，如果试图抓住所有细节，也就意味着我们放弃了画面里最重要的部分，而把它们平等对待，那么，令人心动的"兴趣点"将消失在众多的细节里。因此，我们画着画着，有时会厌倦这"事无巨细"的画法和精致的线条，甚至慢慢地发现，它们总是很紧绷，不放松，虽然画面细部交代得很详尽、很清晰，但缺乏一种洒脱的气息，缺乏流淌着艺术新鲜感的血液，显得过于严谨了，甚至是刻板的。这时我们应该停下来，回过头思考关于线条的若干问题，线条到底是为何而存在？一定要画得足够细致吗？一定要将物体的每根线条都笔笔到位吗？我们应当重新审视这些使用了很久的线条技法，并适当做出调整。中国画讲究意境的渲染，留白总比画满要有"意境"的多，这给了我们很多启示，在处理线条时能否也可以借鉴这种手法？我认为是可行的，物体的刻画不必笔笔俱细，总想着要交代得清清楚楚，这样画面就"腻"了，意境的营造恰恰需要适当的放松和舒展。笔不到而意到，是一个更加高级些的技法，不必总是强迫每条线都要出现在该出现的位置，如果一个完整的物体刻画是一系列线条叠加的构成体，那么众多的线条组合足以支撑某些线条的缺失，也就是笔或者线条，可以不到，可以没有出现在该出现的位置，但对物体的表达却已经完成了，并且显得更洒脱，充满了意犹未尽的读后感。

因此，在钢笔风景建筑速写中，要特别注意线条的虚实用法，勿必都实，也不能都虚，好的速写作品，总是虚实线条的有机结合。所谓"有机"，也就是线条能出现在恰当的部位，出现在需要出现的地方，而不显得多余和杂乱，它恰到好处地表达了被画物体的特征，包括质地、形状等细部的刻画，这是线条使用"实"的部分。而"虚"的部分则是尽量少用线条甚至没有线条覆盖，完全依靠"实"的线条衬托，类似于正负形的关系。即使不画或者少画，它在画面里依然存在，我们可以透过对比的关系去清晰地感知它。这就是"虚""实"线条的融合，它们有着千丝万缕的联系，也是线条使用技法里较高的层次。至于具体写生时怎么运用和调度，哪些部分用实，哪些部分靠虚，经验是至关重要的，只有足够的实战经验才能指导自己完善现有的线条技法。

　　线条的应用，从最初的生疏晦涩，到大量练习后的洒脱流畅，绝不能仅仅停留在单纯用线去解决问题的层面。画面虽然由线条铺陈构成，但用线的思维绝非只是能用好"线条"，应着眼于场景氛围的渲染。线条是为场景而存在，为描绘物体而服务，使用线条只是手段，而不是目的，长期使用线条来完成速写，其实是一个微妙的心理变化过程，从一开始练习线条、看重线条、依赖线条，慢慢地转化为弱化线条，甚至是抵触线条、削减线条的痕迹，这些都是对线条使用感受的变化。因此可以说，不同的阶段，对线条的感悟是不一样的，每个阶段也都有不同的对线条评价的标准，但标准既不统一，也不具有衡量性，它只是针对个体而言。同一种线条你用起来不趁手、不擅长，但在别人那里可能就完全不一样了，用其他的绘画思维重新去组织和梳理它，优势就会显现出来，这也是钢笔风景建筑速写风格多样、丰富多彩的根本原因。不管个人风格的差异有多大，熟练地掌握线条的习性，是所有技法赖以发挥的基础。线条本身有自己的表现力，它或笔直或弯曲，或挺拔或阴柔，每一种线都可以运用到极致，以实践为基础，尽量多地描绘、刻画，延伸、派生出更多的用线感悟，使自身技法不断完善、不断改进，在不同的绘画阶段呈现出不同的绘画风格，对于每个阶段的线条使用也会有新的感受。

只要勤于练习，笔耕不辍，总会有意想不到的收获。线条的意义就在于它是为场景而生，线条的聚集，无非是主题的表达和渲染的需要，更为重要的是线条聚集的形式，以什么样的逻辑排列起来，使之合理地为场景服务，这更值得我们去研究。眼光不能仅仅停留在线条本身的视觉美感，而是让它真正地发挥自身价值，承担起应有的作用，融入速写画面的大关系中，从而完成精彩的细部描写和整体刻画。用系统的思维对待画面，这是一个有生命力和生态联系的整体，从技法层面来说，我们更应该重视这样的整体关系的表达。细部特征，在最初应让路于整体关系，在保证大关系、大效果的前提下，再去寻求细部的解决方案。当然，它们是一套完整的思维方式，并非整体是整体，细部是细部，而是相互成就的系统关联。所有这一切，都是构建在线条的使用方法的基础上，因此又回到最初的话题，只有熟练地掌握了线条的属性，才能进一步讨论技法、发展技法。不间断的练习永远是一条漫长的道路，没有其他捷径可走，但它带来的回报有时会超出预期，并且令人惊喜，在不经意间，我们会发现，曾经苦苦追求的技法，早已烂熟于胸，这一切都源于多年的坚持，源于我们对钢笔风景建筑速写这门艺术形式的热爱。

第三章

明暗之间

一 光线的影响力

如果说线条是钢笔速写的外衣，那么画面的明暗关系就如同衣服的面料。面料的颜色质地，影响着整体的美感。从画面的大关系去理解，一幅钢笔风景建筑速写，明暗的节奏是观察画面的第一着眼点，是对速写作品的第一印象。可以说，明暗的把握和处理技巧，决定着整幅作品的大效果，明暗关系拿捏到位的钢笔速写，就像比例协调、五官精致的面庞，总是令人赏心悦目。

钢笔风景建筑速写中的明暗，是由线条的疏密对比呈现出来的，或疏或密的线条在画面里铺开，产生了黑、白、灰的光线影调，也造就着场景的韵律和节奏感。这是线条和明暗的互成关系，也是两者彼此渗透带来的反映。物体本身的刻画需要线条的参与，线条密集的排列使用，一般象征着物体暗部的形成，而稀疏的线条往往提示着光线的照射，表示物体的受光面。深色调和浅色调，正是钢笔速写中"亮"和"暗"两个调子的典型代表，也是为数不多的明暗表达技法的载体之一。受制于绘画工具，钢笔风景建筑速写的明暗变化，多数情况下必须依赖于线条本身的浓密，甚至是不同的钢笔尖所产生的线条粗细的差别，这是有限的钢笔速写技法中最经常使用的表达画面明暗的手段。

明暗的产生来自光，亮部即是光线到达的地方，暗部的形成则是由于光线被遮挡。夜晚的照明是亮、暗两个色调较为突出的典型代表，但自然界中来自太阳的光线，季节和一天中的照射角度的影响，使风景建筑场景的亮暗两个色调要柔和得多，物体之间的光线反射等物理因素，也把物体的暗部变化渲染得更加丰富，更加有层次。如果仅仅依靠亮、暗两个色调表现场景中的物体，就显得稍微简约了些，在至亮和至暗之间，还存在其他更为细腻的色调，而这些色调是让画面变得生动有趣的关键要素。善于观察才能捕捉到这些生动细微的有趣味的现象，养成深入观察的良好习惯，挖掘眼力，眼高促进手高，是技法提升的有效手段。

钢笔风景建筑速写所表达的场景，涉及的景物，或是人文历史的特色街区，或是灵秀幽静的古老村落，或是底蕴厚重的传统建筑群，也或者是山光水色的自然风景，总归是自然空间中的实体。这些实体有的是人工砌筑形成，有的是天然生长形成，统一在天光的照射下，彼此受环境因素的影响，色调千变万化，充满着打动人心的独特魅力。

钢笔风景建筑速写的创作，正是基于此，将眼前所见记录下来，定格成一幅画面。画面布满了个人情感的表述，以及对于场景的感悟，这些是基于对内心观感的记录，而非机械地套用技法和重复，以便拥有持久的创作灵感。保持新鲜度和长久的创作欲望是持续提升个人水平的直接动力，避免疲劳的有效方法就是寻找到场景里那个能打动人的因素，这样才能使人愿意去画并享受创作过程，获得成就感和归属感，最终能形成浓郁的个人风格。

二　规则物体的暗部描绘

前面提到过钢笔风景建筑速写的表现对象大致上可以分为两类，一类是人为修建的，另一类是天然生长的。建筑、桥梁、道路、广场等构筑物属于人工建构的实体，树木、植被、山石、水体、天空、地形等是自然生长或天然形成的物体，这两类物体具有各自明显的特征，在阳光照射下，所呈现出来的明暗变化和光感也是各有不同、形态迥异。人工建造的实体，风景建筑速写题材类的，多是以建筑为主，或是传统的木架构建筑，或者是石架构，造型大都规整，体量适中，以块面居多，亮和暗的色调捕捉没有难度。从本质上来讲，类似于几何形体的受光形态，对黑、白、灰色调的把握极易上手。而自然形态或是生物体状的物体，本身外形结构不规则，光线铺陈之后得到的亮部和暗部形态也极不规则，零散无序不易掌控。但纵然是这类物体，也有其生长发展的规律可循，只要认真研习其形态结构，就会发现并掌握自然形态的物体背后隐藏的外形规律，在明暗刻画时能够做到更加正确和精准。

不论什么类型的实体，明暗刻画，总的来说，规律是相通的。当光线照射到物体表面，会产生亮暗变换和色调对比的现象，映入视野的第一印象便是最亮和最暗的部分，也即黑和白，而灰色调则较诚实地反映了物体本身的色彩和质感等基本属性。亮暗的对比以及灰色调的调和，塑造了形体，突出了主题，是画面中最为根本也是不可替代的基础色调。

用钢笔技法完成亮暗的描绘，说简单些，其实就是把色调处理成深浅不同的效果，密集的钢笔线条排列，色调就深，较为稀疏的，则为浅色调。在刻画具体景物时，色调怎么个深法？怎么个浅法？怎么密集地把线条组织在一起，以体现物体的暗部特征？这里面都体现了明暗处理的具体技法，体现了对线条使用的熟练程度。下面举几个例子来讨论各类物体在渲染明暗时应关注的重点。

众所周知，钢笔风景建筑速写中的物体刻画的重点，都在暗部，其中充满了大量细节，好的钢笔速写作品，暗部的描绘都精彩绝伦、耐人寻味，而亮部有时没有线条，甚至留白处理，对线条的运用持谨慎的态度，以便形成对比，塑造体积感。人工构筑物中，建筑最具有代表性，现代建筑和传统建筑在外观上又有较大差别，除了建筑材料不同，体量大小也不一样。传统建筑题材的速写画起来更加有趣味一些，外貌丰富，质地强烈，结构比现代建筑更加有韵味。就材料来说，传统建筑无非以木、石或者砖等自然材料为主，立面有着较为细腻的特征，并带有经年累月的沧桑感，想表达这种特质并且画出味道，并不容易。这类建筑的明暗刻画，依赖于暗部的细节，首先要明确大关系，暗部是整个建筑色调至深处，也意味着线条必须汇集于此，去完成布线。采用什么类型的线条，长线还是短线，直线还是曲线，线组如何排列？要协调画面里其他物体的布线方式统一安排。暗部的处理不是仅仅把它画成深色调就算完成了，这只是最为初级的技法，还有几点需要在创作时加以留心，这几点有时至关重要。

第一，对暗部整体色调的把握。虽然是深色，线条密集，排线的方法也不多。但切记不要把暗部画得过深，特别是暗部面积较大时，更应注意这点，暗部里的光感要尽量体现出来，周围环境和物体的光线反射对暗部的影响也不能忽视。例如，作为有高度的墙面，上下色调充满了变化，深浅不同才能轻盈而透气，不至于太"闷"，画面效果也耐看。至于墙体处理成上深下浅，还是上浅下深，或者左右的深浅变化，要结合主体背景的整体构思来定夺，让背景衬托出主体。

第二，暗部虽然是不受光的部分，但暗到什么程度，在创作前是必须得思考的问题，一般情况下，建筑的暗部占画面的比例和建筑暗部要画多深有密切联系。暗部面积较大，占比较多时，一般不宜把色调定得过深，要参考画中其他物体的暗部深浅，宜比其他物体的暗部色调浅一些。建筑的暗部面积较小或较零散时，可适当加深色调，但也不宜超过画面里最深的部分。

在速写创作以前，我们会对画面效果有一定的预想和期望，对色调深浅有事先的设定，然后按照预设去完成创作。所以无论建筑暗部面积大或小，都要符合事先预设的色调，不能随意更改，以确保整体效果。当然，这不能生搬硬套，创作都有偶然性，在画的过程中，可以根据需要对画面内容进行适当的调整，暗部深浅色调也可微调，使画面的最终效果更趋合理。按预定的想法完成创作，直抒胸臆，体现了对场景刻画的控制能力，是一项隐藏于技法背后的难以掌握又十分重要的基本功。

第三，亮暗之间怎样进行概括，是体现建筑速写技法的关键，画得好不好，概括能力是评价的重要指标，并不是眼前所见都要归纳在画纸上，如实地记录有时并不能取得好的效果，这就需要对写生的客体进行一些艺术加工，归纳的过程和得到的结果就是概括能力的体现。尤其在建筑暗部，排线铺陈不仅仅是为了体现它是不受光的，而是要交代一些具体的实质性内容，否则应有的细节和真实感难以传达。暗部里建筑材料的表现是处理的重点，要根据材料本身的属性去选择表达的技法和具体的线条排列方式。砖、石、木以及现代材料都有各自特点，砖墙规则排列的秩序感、石墙的粗糙感、木材的纹理和陈旧感、金属材料的光滑平整感等，分别对应着不同的布线描刻方法，而不仅仅是简单地把暗部画成深色调。不同建筑的暗部排线，如果都用同一种方法去完成，就不能表达出材料的差异，不符合对材料属性的表现，体现了对建筑速写技法掌握的欠缺。

将各种材料的表现方式进行研究比较，概括出表达这种材料的最优技法，是表现能力进阶的必由之路。不断地概括，不断地总结，技法才能精湛，日常的写生创作才能游刃有余。

暗部里除了表现材料本身外，应有的光感和块面变化的细节表达，始终要贯穿着创作过程，不能一味为了追求材料的真实感，把暗部处理成一面"闷墙"，缺乏透气的灵动性。使材料的虚和实交互，也是老到的技法之一，有时避实就虚、点到为止，画面会更加耐人寻味，格调也更高级。画"满"往往意味着对画面的把握能力没有信心，担心效果不好，而执着在画面和物体的局部，实则是技法的使用还不够纯熟。

建筑亮部不是线条运用的重心，也不是画面色调处理的重点，但这并不说明它不需要处理或者不重要，相反，画面层次能拉开，效果能有韵味，主要依靠这些留白的、浅浅的亮部与画面中的"灰和黑"形成的比对。应该说，亮部的处理技巧相比暗部的技法要更加细腻、更加精准。建筑亮部没有大量的线条，有时也不能完全留白，一些有质感的材料还要着一笔墨，寥寥数笔就能交代材料，还要协调画面，又不显得多余，这对概括能力有着极强的要求。

亮和暗之间，是互补的关系，但亮部要更加精简和克制，可以说，亮部如果能轻松驾驭，能以极少的线条留给观赏者想象和回味的空间，那么暗部的处理能力也不会差到哪里；相反，亮部不会概括、不会克制，那么暗部也不会精彩到哪里。

三 树木的明暗表现技法

自然生长或是天然形成的物体有着不规则的外形，体量上也存在较大差异，从而形成的明暗关系也就较为复杂多变。相比人工构筑物的光感呈现要难以把握得多。各类树木和山石可作为风景建筑速写中天然物体的代表，在画面中有着较高的出现频率。

树木的刻画重心在于树冠，树冠的形状以及树冠的质感，而树冠的形体凸显，则是由明暗的对比塑造而来。因此，在写生创作中描写树木时，就是要制造明暗的对比，精彩的对比不仅能渲染意境，更能吸引观者的目光，增加作品的可读性。

风景建筑速写中涉及树木的表达，大致可以依据构图划分为不同的形式，也就是把树木作为前景、中景、背景来加以区分。前景和背景中，往往可见树木的一部分，即局部，或者部分树冠，或者部分枝条，主要起衬托的作用。这时的明暗关系要遵从表现主体的色调设定，为画面增光添彩，切不可抢，避免成为画面的累赘。局部的树冠简洁处理，在有利于增强画面效果的前提下，亮部和暗部可灵活对待。暗部里的线条，可以采用表现树叶形态特征的小椭圆线或小折线，也可用表达质感的小短线排列，这取决于一幅速写的整体线条风格。

中景的树木，往往是风景速写的主要表现对象，并且是要描绘整体的，从树干到树冠都需要详尽表达。从大关系上来分析，树冠的亮部和暗部分布虽然没有建筑等人工构筑物简洁明了，但也有规律可循。树冠作为树木枝干与树叶的组合体，枝条的生长向着四周的方向，呈现出立体的特征，是类似于雕塑中圆雕的立体感，而非平面状，这是它自身的结构属性。室外的光线来自阳光照射，大多数情况下总是自上而下地布光，因此树冠的上部或者顶部一般是受光的，是亮部，而下部或者底部由于遮挡，光线很难直接到达，则形成暗部。中间的树冠结构，哪部分枝条突出了，树叶长出来，就是受光面，其余被受光面遮住的树叶，处在了阴影里，就会形成暗部，这是树冠的明暗关系的分析。由以上分析可知，树冠暗部的形成及具体的形状，趋向于随机性，很难把握背后隐藏的规律。勤奋地练习，坚持写生，向大自然学习，是提高树木表现能力的不二之选。画得足够多，观察得足够细，以及良好的画面总结习惯，都能很好地帮助我们更快地掌握树冠的明暗分布规律。

除此之外，想要正确地画树，必须对树的生长规律和结构做必要的了解。树是怎样生长的，是怎样分枝的，具体的分枝规律是什么，从树干的哪个高度开始分枝，以及是对称分枝还是交错分枝，树叶在枝条上是怎么分布的，生长方向是怎样的，诸如此类，都影响着树冠的外形和明暗的交替变化。平时应养成良好的观察习惯，特别是写生时，应当积极积累所见树木的生长结构和外形特点，最好能针对不同树种做恰当分类，归纳它们之间细微的差异，并能将树木的主要特征在笔端呈现。假以时日，常见树木的描写技法必将了然于胸、信手拈来，更便于形成浓郁的个人风格。

任何物体，其暗部都应被作为重点刻画的区域，树冠自然也不例外，树冠的暗部表现，选择何种表达语言，体现着风景建筑的速写功力。宏观上讲，树冠的暗部意味着要把色调加深，简单来说，可以使用线条密集填充，渲染出暗部的形状，自然会形成明暗的对比，体现出树冠的光线分布。但如何使用线条，使用什么形式的线条，或者线条按照什么逻辑排列填充，则涉及树冠的微观层面的表达技法。

树冠的本质是由若干树叶组成的实体，树叶的形态、大小、色彩决定了树冠的质感，是细密的还是松散的，是阔叶的还是针叶的，每一种都分别对应着不同的树冠特征。树冠暗部的微观刻画技法，就是要逼真地表现出这些主要特征，让观者在观看画面时能感同身受，一如作者在面对创作场景时，一眼便能捕捉到前面是一棵什么样的树。

暗部里的线条组合，应体现树叶自身的外形特点，这就是要抓住树种的区别，塑造出不同的树冠姿态和细节。北方的树种，多为落叶树，树叶形状不一，大小也有差异，秋天泛黄凋落；而南方树木多为常绿树，颜色翠绿，叶形也有大有小，有宽有细。例如海南的棕榈类、椰子类树木，叶长而干细，少有分枝，有着浓郁的海岛风格。

在具体的线条使用时，如是初学者，则在表现树木叶冠的形状时越写实越好，不要一开始，就画得偏写意，这样永远也抓不住不同树种的细微差异，或者无法深入到细致刻画的层面。写实首先体现在线条的处理上，那就是细小的枝叶表达，就用细短的线条，用这样的组合线，画出树叶的形状，暗的地方，树叶多画，亮的地方概括着画，直到用暗部和亮部组成一棵树的完整形状，体现出树的姿态，表现出树影婆娑的意境。这中间，线条使用的熟练与否，决定着画面的最终效果，因此，无论是刻画何种物体，线条使用的熟练度是至关重要的，是写生功力的最直接体现。

相反的，阔叶的表达，就应该用松散柔和的长线条，画出树叶的形状。相比细小树叶，这类阔叶树的树叶面积较大，在画时应该具体些，否则树冠的特征不易表达到位。细长树叶或者针叶在表现时线条要带"刺"，忽略树叶本身的面积，而注重一丛一丛成组的结构特征，用"丛"去把握暗部和亮部的形状，着力点不要放在单个树叶上。

其实，不同树木的画法，可以引申到其他灌木或者地被类植物上，均是根据各自特征合理调配线条的使用。初学者要掌握这些不同的技法，是有难度的，唯一的捷径，就是仔细观察，踏实、认真地画每一棵树，日积月累，在正确的技法引领下，终会有所收获、学有所成。

第四章

钢笔风景建筑速写作品精讲

第一讲

　　这是一幅欧洲宗教建筑的速写（见图 4 - 1），尺度并不算大，采用了低点仰视的角度来体现建筑的非凡姿态。构图也简单明了，仅仅是表现建筑的正立面，剔除了环境的配景，仅以立面的丰富细节，营造建筑神圣且神秘的宗教气质，使画面看起来更加纯粹。没有复杂的光影关系，光线从观者的角度照来，建筑外立面的"亮"和内部空间的"暗"之间的对比，有些强烈。虽然场景中存在转折的面，但相互之间的色调对比并不突出，这也是这幅速写的主要特点，不注重建筑主次立面的差别，而是依靠建筑内外的明暗对比制造黑、白、灰关系。整幅图以硬直的线条居多，对应体现欧洲建筑的材料质感，丰富的细部造型累积，构成图面的主体，有着强烈的仪式感。透视关系上属于典型的三点透视，也就是倾斜透视，在只有建筑的画面里，透视规则是容易把握的，这种仰视把顶部收窄，制造高耸雄伟的视觉感受，在体现建筑的气势上，这种形式简单而有效果。

这幅图的难度，还是在线条的使用上。画面主体明确，结构清晰，光影关系清楚，体块感强烈，长直线中穿插了大量或曲或直的短线条，宗教建筑的神圣庄严感产生于这些线条的排列组合中。将建筑立面的造型和丰富的细节恰当地概括和表达，是这幅图线条运用的核心思想。既要写实又要写意，立面的造型，甚至是矗立的人物雕塑，均采用极少的线条勾勒出轮廓，点到为止，不做深入的描刻，避免"腻"的感觉。在这么多的立面细节前，概括显得尤为重要，否则线条就太多、太挤了。但最终效果又要能恰当地表现出建筑应有的特征，这并非易事，考验着手头的概括表达能力。

有时，规整、秩序和理性的线很难讲出我们想要的画面感觉，特别是面对复杂无序的内容稍多的场景，需要我们去调和各种线条，在物体细节上做文章，不能简单地用线围合出轮廓。建筑经年累月的沧桑感、破损了的砖面，以及历史厚重感，都应被强化，以体现这些明显的特征。规整的线条在这时显得"新"，不能与建筑的气质吻合，而转折线和小线条排列会派上用场。这幅图里的短线条排列加强了画面的黑、白、灰关系，抵消了以线条为主的乏味感，同时画里的趣味性得到了增强。零星的特征表达，意味着需要强化的地方不能太多，如果满眼都是叠加的笔触排列，反而会适得其反，削弱概括表现的效果。画面中的短线条排列，多是汇聚在没有光线直接照射的区域，排线相对放松，算得上画面里最暗的部分，特别是下方高大的入口，内部线条密集成纯黑，又穿插了灰度的变化，看起来并不呆板。严格来说，画面呈现出来的"黑白"素描关系强一些，"灰"弱些，这样对比度就增强了。

右边的建筑做减法，往边缘淡化消失，笔触逐渐减少，形成疏密对比，以衬托左边建筑上密集的线条，突出观者要捕捉的重点。有时这样的处理手段能收到很好的成效，用虚去对比实，增加了更多的层次感，也增加了一些趣味，使画面看起来没有那么单调。

我最初看到这个场景时，打动我的，是欧洲宗教建筑精致的细节和雄伟的气势，每个人观察身边的环境时，都会寻找自身感兴趣的片段，并将之放大。有时，你看某个场景和别人看这个场景后的感受是截然不同的。别人为之欣喜若狂的，不见得你也喜欢，你手写你心，这些不同的心理感受，汇集在笔端，展现在绘画语言里，就形成了各自不同的风格特征。细粗慢快，浓淡重轻，造就了速写的表达手段千差万别、丰富多彩。但要时刻谨记：任何风格的形成，终归是要以技法的熟练掌握作为基础。

关于风景建筑类的钢笔速写，基础技法错综复杂，门类繁多，需要在大量的写生中掌握吸收。在入门阶段，临摹无疑是一个好办法，能快速获得技法，并为我所用。但是要想形成鲜明的表达语言和独特的表现方法，必须牢记的是，在大量临摹以后，一定要把临摹中得到的绘画套路悉数忘记。不要成为其他人，而是塑造自己的创作手法，把学到的技术方法，用自己的"方言"重新组织起来，用它慢慢梳理画面，久而久之，属于自己的"风格"自然水到渠成。

　　图4-1这样的题材，还有一个非常重要的基础环节，就是对透视的把握。经常遇到的透视形式要尽量熟记，透视的原理都是相通的，就看实际操作中怎么去用。如果对透视的理论生疏，建议要对其重新研习，在写生创作中对画面构图会大有裨益。

图 4 —1

第 二 讲

　　严格来说，这并不能算是一幅完整的速写作品，它只是中国古建筑的局部刻画，差不多高的视点，带点仰视的角度，记录了几种中国古建筑中的亭子的形态。有时看到杂乱的场景里，有一部分感兴趣的内容，目光就聚集在上面，其他的则一点也不想画，这是经常会遇到的状况。就如同在这张图中，我只看到了亭子顶部丰富的造型，并且从下往上看去时，亭子内部丰满的结构与漂亮的细部一览无余，这些东西吸引着我，并激起了绘画的欲望。光线还算明亮，亭子内里的结构可以看得清楚，保证了创作记录的真实性。因此，这几组画面，仅仅捕捉了"亭子"这样一个建筑类型的局部结构，整幅图（见图4-2）由三个形式的亭子组成，对应着记录了三种不同的亭子结构，并只依靠线条完成了绘制，没有铺调子。线条集中在亭子内顶部的构件上，包括檐下、翼角、横梁、立柱以及带有装饰的其他结构，线条拒绝平、直、硬的使用，以小短线居多，采用了略微抖动的形式，看起来不那么生硬。我在写生的过程中不习惯铅笔起稿，都是钢笔直接上手，为了找准各部分的比例和对应的位置，完成后线条显得拘谨了些，但就记录古建筑的角度而言，这是合适的。

　　三个亭子分别位于画面的右上角、右下角以及左侧居中的位置，其中左侧亭子内部结构复杂些，相应的线条排列也最多，是画面的重点，而右侧两个亭子结构较简单，线条疏些，内部简单明了，笔墨略少。"白描"的方法，便于说清古建筑的木架构形式，也便于形成线条之间的疏密对比。亭子本身由于结构分布，不同部位的木料存在大小、长短之分，横梁上有图案雕刻细节，需要线条去表现，自然会密集，而立柱多半光滑，两条竖线就能说得清，在同一个亭子中，自然就会出现线条的疏与密的对比。这是制造戏剧效果的有效方法，有时我们可以向物体本身学习，而不用处心积虑地设计画面。

出于记录的原因，图中三个亭子各自分布，并没有相互遮挡，但在现实环境中写生时，应当注意建筑之间的穿插、漏挡和透视关系。当然，一般都是先画前面的物体，被遮挡了一部分的物体则容易处理一些，且处理透视关系时要把它们作为整体对待。图中三个亭子现实中并非相邻而建，因此透视没有严格把握，具有各自的角度和关系，但是在线条的选择使用上，却必定要统一起来，其快慢和曲直变化形成统一风格，力求连贯通畅，整齐划一，细部的描写程度也应相互参考，保持一致。

三个亭子的绘制顺序是这样的，左侧主要的亭子是最早画的，从开始画时并没有刻意事先想好每个亭子的体量和位置关系，甚至在画第一个亭子时，都没有想好要具体画上几个亭子，而是在画的过程中边画边解决构图的问题。中间的亭子体量稍大，整体外形上也比较完整，刻画详细，在其旁边又记录了两种不同的亭，剩余的纸面并不宽裕，体量略小。虽然是三个亭子的速写，但中心点较为明确，画面存在着亭子自身的"多和少"的对比。等画完之后再来推敲画面，虽画前没有逐一布置，却仍然有对比和变化，也形成了主次的区别，终归是以如实记录为主，所以看起来略微刻板，但在技法使用上还是存在通透之处。

有时候，我们需要在写生实践中，着意锻炼自己的构图及临场调整构图的能力，或是事先安置布局，或是创作过程中根据需要再调整，不断完善，逐步养成经营画面的习惯，让构图成为下意识的行为，成为创作的"天然基因"，并不断进化，相信长久以往，每张图都会具备精巧细致的画面形式。

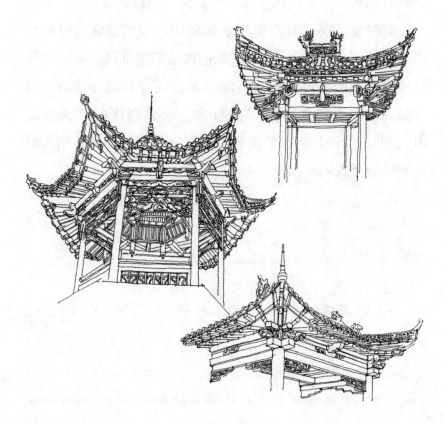

图 4－2

第三讲

　　建筑正立面的写生，有许多与其他速写不同的体验，这些体验在画正常透视角度的建筑时是无法得到的。当然，我们所说的建筑正立面，并非建筑制图（图4-3和图4-4）中的正角度投影，而仅仅是指从正前方来刻画建筑的立面形象。

　　这些独特的体验给我的第一个感受，就是透视关系不好把握，所谓不好把握，就是往透视点消失的线数量太少，有极少的线指向灭点，或者向灭点消失的线非常短，因此很难看出是什么样的角度和关系。初学者面对这样的构图总会有些迷茫，部分线条找不到透视归属，其难度就在于指向灭点的线极短，很容易画着画着就出错。

　　其实，如果透视理论掌握得扎实的话，画面背后的透视规律并没有那么难；相反，建筑正立面的写生所涉及的透视关系，是各种透视类型中最为简单的一种。找到写生地点后，坐下来，面对眼前高大的建筑立面，眼睛水平地看向建筑，视线穿过建筑立面上的某个点，这个点即是隐藏在画面背后的消失点，也就是灭点。那么画面里有透视变化的线，不管长短，都必须指向这个点，汇集到这个点。找到了这个点，也就解决了透视的大部分问题，后面就是如何处理画面了。如果眼前的建筑高大雄伟、气势逼人，则完全可以将透视关系设定为仰视的姿态，让正上方很远处再产生一个灭点，垂直地面的线条都消失于此，以体现建筑的视觉特征。如果你的写生地点离建筑稍微有些距离，眼前的建筑立面徐徐展开，是舒缓的姿态，那么垂直和水平的线条则可以相互平行，不用再产生其他灭点，仅仅处理成最为简洁的一点透视，像一幅长卷，也是极好的处理手段。

第二个特别的感受，就是对形体的把握有难度。建筑立面的造型大多是对称的，中间一条中轴线，两侧呈水平对称的状态，中国古建筑和欧洲的传统建筑绝大多数符合这样的特征。有时候要把一个建筑立面画的左右对称，线条都一样长、一样高，难免有些呆板和乏味，但这却是建筑立面刻画的核心部分，也就是无论怎么画，你都要表现出这个应有的特征。两侧对称的部分要尽量"像"，保持一致，在不借助任何工具的前提下，既要保证建筑立面整体比例准确可信，又要使两侧外观一致，难度还是挺高的，特别是对不打草稿、直接用钢笔画的方式来说，就更加困难。

一般情况下，应这样处理，先找主要的线，也就是搭起建筑框架的线，例如墙面的转折线、楼层的分隔线等，利用这些线把建筑立面的比例关系建立起来，确保各部分的大小尽量准确，然后再在各部分里填充细节。填充时应注意，左右对称的部分最好能对照着画，使两侧在体量上保持一致，这样不容易出错。建筑立面有复杂造型和琐碎装饰的，更应该耐住性子，细心对待，坚持画完才是硬道理。这是常规的绘画顺序，先整体后局部，不会出现大的

差错，宏观上把握框架，局部填充细节，这算是普遍适用
的绘画规律。当然，也有人习惯从局部入手，上来就抓细
节，然后一点一点往外推，把已经画好的作为比例和参照
物，也能把握好各部分的大小关系，技法熟练了，可以尝
试这样的画法。

　　第三个感受，就是如何在趋于二维的建筑立面上制造
出立体感。纯白描的方法可能没有优势，这时就要依靠光
线调子去塑造出形体，用小短线排列出光感，依靠线条的
疏密明确黑、白、灰关系，建筑的形体就在这微弱的对比
间被衬托了出来。说白了，建筑立面的素描关系，仅用钢
笔表现，无非就是要抓住受光和背光的部分，并突出它们，
应强调建筑结构本身的暗部和一些构件在立面上的投影，
区分出它们的黑白关系，建立出层次，"白"本身就是留出
来的，无须去刻画。

　　塑造形体的原理都是一样的，差别就在于线条的使用
上，越熟练，越有力度，出来的效果也就越好。所以，最
为根本的，对于钢笔风景建筑速写的基本功，无疑就是加
强线条使用的熟练度，这是画面的灵魂，也是我们多次强
调的。

图 4 – 3

图 4 - 4

第四讲

　　熙熙攘攘的人流，占据了画面的下半部分，沿着透视的方向，在街道上穿梭行进，人群的上方，矗立着传统的建筑，高翘的檐角，显得分外精神。建筑整体都处在视平线以上，而视平线则穿过了人群，小石桥的下部和狭窄的水面被分割在视平线的下方（见图4-5）。组成画面的两个主要元素，古建和人群，一高一低，一动一静，互为呼应。这两个元素体量上差别巨大，但人群绵延成带状，所占画面比例并不小，也遮挡了建筑的下方，正因如此，建筑的上部分得以被强调，较为浓重的色调使其成为画面的焦点，当第一眼看到画面时，注意力总会集中在这里。建筑是画面的主体，而不是数量众多的人群，人物的刻画也就势采用了剪影的方式，线条简洁利落，没有细节的描写，只有两三个人物特征稍微进行细化，这些人物成为衬托建筑的元素，并和建筑形成了浓淡、繁简、黑白、轻重的对比关系。

　　建筑挑檐的阴影和暗部里的结构是整幅画里最暗的部分，处在画面的最上方，为了平衡这个重量感，下方石桥和堤岸在水面上的投影也被强化、加深，和建筑上部最深的色调相互辉映，形成呼应关系，一上一下的对应，使画面的平衡感得到加强。

　　画面是极为典型的一点透视形式，建筑主体的表达，细节稍微丰富些，其余的构筑物则点到为止，处理极为简洁。建筑下方的墙体，仅仅是几条从透视点延伸出的线条，但这几条线，却强有力地说明了画面的透视关系，把画面的构筑原理清晰地表达了出来。关于透视点，也就是灭点，有一点需要说明，在钢笔风景建筑速写这种题材的创作中，透视点并不只是一个小小的点，而是一个区域，当然，这个区域不能过大，要根据需要合理地设定一个范围，往灭点消失的线，都指向这个区域就可以了，不必刻板地要求线条都要消失到某个点，特别是无铅笔起稿的徒手画法，更应该放松一些，做到透视正确、内容可信就可以了。

除了人物和植物的柔和转折线，整幅图还是以硬直的线条居多，少有曲线，特别是建筑线条，刚硬有力，人物线条稍微柔和一些，一刚一柔的配合，减少了画面给人的生硬感。人物的参与是体现生气与趣味的有效手段，如果允许，要尽可能在画面里加入人物，以调和氛围，突出生活气息。

图 4－5

第五讲

这是一幅冬季里的一栋建筑及其环境的速写（见图4-6），映入眼帘的画面给人的第一印象，就是冬天树叶凋落的萧瑟，和光线散布在树林和建筑上的清冷感，冬日的氛围渲染隐藏在环境特征的刻画里。钢笔的黑色单线条便于制造冬季里色彩单调的感觉，组合线条的使用，也突出了光影斑驳的建筑立面的特点。

画面是典型的成角透视构图，建筑就像两个简单几何体的组合，转折线位于前面建筑的中间，两个消失点分列左右，视平线位于建筑的中下部，这是建筑速写中经常用到的视角。其实，画面的丰富，技法的熟练，这些表层效果背后画面的支撑框架都是相通的，透视的原理是一样的。对于经常使用的透视角度和形式，应熟记于胸，并多做总结，分析其规律性，吃透背后的原理，这有助于提高建筑速写的流畅度和熟练度，帮助自己养成良好的习惯。

建筑本身的结构并不复杂，偏现代风格的立面，简洁清爽，没有很强烈的质感对比，以光滑面为主，只在开窗的一面墙体下方有石材拼贴的饰面，但却正巧处在较暗的区域里，所以也没有做很细致的刻画，只交代了大致的外观特征。稍暗的建筑立面开窗，由于质感简洁，从上到下使用小短线条排列进行布线，靠近转折线的一侧线条密集，往左侧缓慢变稀疏，体现立面的光感和细节变化，并与右侧受光的立面形成暗和亮的对比，画面里建筑上较重的色调，大部分集中于此，分布在挑檐的下方。

建筑顶部为坡屋顶的形式，向光线照射方向开有四个天窗，无瓦，只有光滑的屋面，受光的屋顶和立面，除了四个竖立的天窗外，没有过多的细节，又同为亮面，建筑立面本身并没有着笔墨，而是重点描绘了树木在建筑上的投影。淡淡的阴影与白墙之间的对比，丰富了光秃秃的立面的单调感，也衬托了色调更深的建筑暗面和树木，稍远处的建筑只露出了局部，这个局部也处在暗部中，色调相对深一些，布线的排列也相对密集，窗口处理成了深色，和前面的窗形成对比，体现远近的差别。

画面中另外一个重要的元素，是冬日里的树木，树叶已经掉光，只剩粗糙的树干和枝条。近处的几棵树，着力刻画了树干和树皮较为明显的粗放纹理，质感符合冬季里树木的特征，树干从上到下，随着线条的疏密变化，产生了丰富的细节。树干作为圆柱体，在描写质感时，应注意光影关系和明暗的分布，树枝遮挡和背光的局部色调要深，受光的部分留白，使用大量的灰色调线条组合进行填充，树干的肌理主要在灰色调中表达。这时，线条的使用要把握一些技法，尽量避免使用平直的线条，除非只是单纯地为了加深色调，如果兼顾树皮的纹理特征，应运用略带弧线的形式成组进行铺陈，每组线之间的连接不留白，线的方向也不能雷同，多些变化，表现出树干立体的特征。另外，树枝凋落形成的疤痕要着意加强，但不能多。

树枝的生长方式也是应该掌握的知识点，特别是冬季，落叶树没有了树叶的遮挡，更容易看清树的结构。树干从粗到细，从疏到密，是如何生长、如何分出枝条的，掌握了这些生长特性，能帮助我们更加"科学"地画树。这幅图中的树，密集的枝条是较为突出的特点，在画面的上端如同织成了一张网，把建筑框在其中，同时起到了框景的作用，使画面具有了前、中、后的层次。细密的枝条相互交织，错乱复杂，和下方简洁坚固的建筑物形成了强有力的对比。汽车的加入使画面具有了衡量尺度的比例尺，建筑的体量大小一目了然，也增加了画面的生活气息。

图 4 - 6

第六讲

　　这张照片的速写，是一个都市建筑群的街景，一个微小公共空间，其中的元素很简单，硬质的地面铺装，几个散落的植物容器，以及由此生长出的攀缘植物，还有场地中的几棵树（见图4－7）。

　　虽然场地中有树，但与以往建筑速写构图不同的是，这些树都处于画面的中间，树叶都已凋落，隐约透出后面的建筑。树在前，建筑在后，并且有遮挡，看起来树木似乎是这幅画的主体，建筑充当了背景，但实际上画面效果所体现出来的，仍然是一幅关于建筑的场景速写，所不同的是，建筑的某些部位被遮挡了，但未遮挡的部分该画的都画了，因此主体还是较为明确的。

　　类似这样构图的画，比把树木作为配景放在画面边缘的做法，难度要大了很多，难在哪儿？主要就是前后关系的处理上。我在日常的写生中，不习惯用铅笔起稿，而是通过用钢笔找关键点的方法完成一幅速写。在缺乏草稿指引的条件下，处理这样的画面，应细致入微，提前做好规划，建筑的哪个部分会被作为表现重点，哪里被遮挡了，怎么处理好这种和树木之间的穿插关系，都要事先想好，算是在脑海中演练一遍，即使这样，具体创作时也要耐心细致地走好每一步。

　　顺序是这样的，先把后方建筑的关键点，例如转折线的顶端、结构的末端、各楼层的分隔线等用点的形式标出来，事先规划好构图，线条画好后，这些点自然会消失，但它的作用已经起到了。建筑的关键点确定后，就可以把前面的树木先画了，无叶的树，要把树的结构吃准，树形修长不宜粗，分枝也不要画太多，否则影响后面建筑的效果。树木及枝条画完了，就可以完成后面的建筑了，建筑的层叠、前后关系、色调深浅等按照预定的效果依次呈现出来。最前面两个建筑的黑、白、灰关系需要强烈一些，后方及两侧的建筑可以对比弱一点，窗户内的色调，从近到远逐渐变浅，以体现空间关系，远处的建筑细节减少，只用线条表达出轮廓。

最前面的建筑开窗，即使色调最深，也应有所变化，用线的疏密强调彼此的不同，避免单调乏味、千篇一律。具体的建筑刻画，是在前面树木枝条的缝隙里完成的，且只能避开树枝的线条，不能形成交叉，否则就乱了。因此，这需要极大的耐心，一点一点去抠，同时要照顾到建筑本身的明暗关系，线条密集的建筑暗部更要注意这种穿插遮挡关系，线条的连贯性可以得到保证。

整幅速写所使用的线条，归纳起来有两种，一种是树木的线条，用看起来有点"乱"的短直线，表现树枝的形态；另一种是建筑刻画的线条，竖直规整。树木的线条应根据树的形态来选用合适的形式，有的树木枝条弯曲，有的树木枝条短而直，客观地表达是应该遵循的原则。例如图中的树，树干细长，挺拔而不弯，分枝也没有那么茂密，正巧为后面的建筑露出空隙，所以用短或长的直线来表达，只是线条的方向按生长方式随机布置，看起来有些"无序"。而建筑的线条则恰恰相反，全部采用直线，除了指向透视点的结构线，其他线都横平竖直，特别是表示建筑暗部和远处窗口等深色调的线，都采用了竖向线条，整齐统一而有力，使画面高度协调。选择竖向线条也是为了与前面的树枝线条相区别，方向统一的线可以与树木杂乱的线区分开，便于塑造场景的前后层次，也不至于使画面看起来乱糟糟的。

图 4 – 7

第七讲

这是一幅山东传统村落的速写，其中一棵茂盛的大树，几间低矮的房子，还有石头就势筑成的台阶。这些元素处在各自的位置上，组成了一幅和谐的画面（见图4-8）。

我坐在低处，看向这个场景，眼睛恰巧在石阶最上端的位置高度，由此确定了这幅画的透视关系。视平线大约位于石头台阶的上端，穿过房子的最底部，其中一个透视灭点在左侧大树下部的后方，另一个透视点位于画面之外，在右侧较远的地方。这是不太典型的成角透视的使用场景，但却是经常会遇到的形式，一个消失点在画面内，另一个在画面外较远处。视平线在建筑的底部，视平线以下仍然有内容，所以不用担心视平线过低造成的失真感，因为创作者的位置本身就比较低，这符合现实的场地状况。

这种透视形式的优势在于，它避免了一点透视呆板、严肃的视觉感受，活跃了场景氛围。画面之外那个透视点的约束作用，使视平线上下原本平直的线条具有了向一点聚拢的透视角度，虽然变化较为平缓，但仍然为画面增加了活泼生动的感染力。同时，这种形式适用于视点较低的角度，适合表现建筑周边有其他低洼地势的场景，视平线以上是建筑，以下是配景，这种透视框架下的建筑形象通常显得较为高耸，具有雄伟的视觉气势。

图中三个主要元素，树、房子、台阶各占一定比例，树木的面积稍微大些，但色调较浅，较深的色调集中在房子大门口处，以及台阶右侧挡土墙的暗部，整体色调的分布是较为简单的，以构筑物的明暗对比作为画面的主基调，并以此塑造形体关系。

作为重点元素的老房子，其最大的特征便是石砌以及砖墙的材料属性，大小石块在砌筑过程中并非随机组合，而是依据形状大小出现在合适的位置，在造型上出现了无规律的、随机的形态。每一面墙都不一样，但每面石砌墙的特征却是相似的，刻画方法也近乎相同，尽量体现出相通的特点。另外，石块的表面总是有凹凸，不那么平整光滑，所以使用线条时也要相应地变换方向，表达这种丰富的细节。画面最下端有两块简略描绘的石头，只有一明一暗两个色调，寥寥数笔，算是画面向下消失的过渡，由繁到简，自然演化。

砖墙相对于石砌墙，就要规则多了，砖墙的规格基本一致，又是规则排列，所以砖墙的特征完全相同，大小、接缝都整整齐齐，要如何避免这种面积较大的单调感呢？也有一些方法，首先，我们应该避免把面积较大的砖墙作为暗部去处理。钢笔建筑速写的技法要求暗部要重点刻画，大面积雷同的内容，很难画出变化和光影的丰富感，较理想的状态是处于灰面上，这样既能画出特征，又便于制造光影层次，能产生细腻的光感。其次，砖墙不要画满，将整面砖墙纳入画面中时，不能用线条将其全部填充，要勇于制造变化的效果，敢于"留白"，更要善于"留白"。例如画面中房子大门右侧的砖墙，如果全部要填满，效果远没有部分留白显得生动，"笔不到意到"，有时候特别适用于这种绘画题材的表现，而"满"就技法上来说，显得没有那么高级。

茂盛的树冠占据了画面的上半部分，光影婆娑，姿态舒展，树干和树枝进行了相应的明暗刻画，树冠深处的枝条处理成重色调，树干也具有丰富的细节，用小短线塑造出遒劲的立体感。树冠自由蓬松的线条看似没有规律，却是在保证树冠整体形态下的特征表达，依据树叶形状和大小，选择合适的小线条组合。本图中的树叶具有细碎的外形，组成厚重质感的树冠，要将树冠作为一个整体对待，特别是明暗分布，紧抓大关系，不要在细部纠结。

细碎的小弧线组合能较好地表达树叶的特点，往各个方向散落的、无序的，都是由枝条而生，遵循着生长规律。这种小线条组合切忌往一个方向推进，而是随时根据需要变换方向，制造出天然的自由散落的感觉。在边缘处要仔细处理，用收边体现树冠的形状和树叶的特征，这一点很重要。

图 4 – 8

第八讲

　　沿着狭窄的土坡道向上走，是一处饱经岁月洗礼的老旧石头房子。房子坐落在土坡的高处，临近一条小道，两侧杂草丛生，小道的右边是石砌的挡坡墙，外面就是一条并不很深的山沟，零散地长了些纤细的树木，有稀疏的树叶，远远望去，同房子后的树木连成一片，一眼望不到头，树的高低错落形成了画面的边界线。

　　这是一幅低视点的建筑速写，写生点较低，建筑所处位置有点高（见图4-9）。为了突出仰视的氛围，建筑后的两棵树，相比其他树木要细致一些，并且姿态高耸，树冠优美，形成画面的制高点，从这个视点看去，切实增强了画面仰视的视觉效果。除了房子上面的两棵树，其他树木都只以局部出现，或是只有树干和树冠下半部分，或者只露出树梢，衬托着两棵较为完整的树。如果在画面上画一条对角线，会发现盘踞在右上角的全是树叶及树枝，小弧线排列的方式表达着树叶的特征，也界定出树冠的边界线，远处的树叶浓厚，线条的组合排列稍微密集，反而是近处两棵详细刻画的树线条稀疏。这样处理，一是形成疏密对比，拉开空间关系，二是稀疏的树冠便于穿插树干以及树枝的描绘。右侧边缘的树仅仅是强化了局部的树形，延伸了前后树冠的视觉层次，也同左侧的树木稍微做了区分。

　　对角线的左下角，包含了房子、土路以及路边随意堆放的石堆，还有一旁的杂草，看起来似乎是一个荒凉的场景，但由于老旧房子的存在，又有了一些烟火气息。房子不大，墙体由石块砌成，背面裸露，侧面及院墙抹灰，但长时间的岁月侵蚀，墙面已经斑驳不堪，屋顶也极简陋，并不用小瓦片搭建，而是用整块隔水材料以木条固定。

石砌屋面以原始方式垒成，在画时也尊重了这个特征，以体现石块的自然质感为主，运用了线条组合排列的方式，每块石头的线条方向都有所变化，把石头的天然色差和形状差异尽量表现出来，又由于处在暗部，所以线条有着较为密集的排列。侧面的墙体着意表达破旧的效果，采用小短竖线组合的形式，填充着墙面，统一的线条方式便于刻画略微规整的构筑物，也能透出石砌墙面的本质特征。线条填充时布置好了留白的位置，看起来自然一些，光影斑驳的特质就隐藏在线条时宽时窄的缝隙里。

土路两侧的杂草，处理起来要简单些，没有复杂的层次，色调也很淡，与房子的深色调形成对比。另外，路边石头的明暗层次也极简单，就保留了受光和背光两个主调，受光留白，没有线条铺陈，仅用排线填充暗部，亮和暗具有较强的对比，同时，石头的强与杂草的弱进行对比，又形成了重和轻、浓和淡的冲突，加剧了画面的戏剧效果。

作为画面主体的老房子，其明暗对比的强度与石堆相差无几，毕竟是同一光线下的物体，但两者不相邻，具有呼应的关系。夹在中间的杂草和土路则正相反，色调淡，对比弱，以轻巧简洁的方式，衬托着两侧的房子和石堆，以便制造符合规律的艺术效果，也调和着画面整体色调的深浅变化。

图 4 – 9

第九讲

　　这仍然是一个从低处向上看去的场景，视平线大约位于石头台阶往上一些，较低的视点，使建筑多少有些雄伟的气势，虽然这是一个体量不大的老旧房子，但在构图视角的加持下，仍然挖掘出了它独特的年代气质（见图4－10）。整幅图主题表现突出，并极为醒目，主体就是老房子，其余为房子周边环境，色调较深的部分和明暗对比强烈的区域集中在石头台阶和房子中下部，这两部分紧密相连，共同构成了画面的视觉焦点。值得一提的是，画面左侧有一根废弃的电线杆，在创作过程中并没有将其从场景中剔除，而是巧妙地利用它的浅色，把它处理成大部分留白的形式，斜向地扫了些线条，成了画面中色调最淡的元素。又因为它是长线形，从上到下贯穿了左侧的树冠和房子的暗部，打破了画面的单调沉闷感，这极好地调节了画面的空间层次。大面积的房子暗部虽然色调深，但电线杆留白的加入，使它变得没有那么刻板和平淡，若没有这根电线杆的"参与"，画面就少了很多层次，也少了些意味，所以这算是整幅图的"趣味点"所在。在日常的写生创作中，有时会碰到类似的情况，一些没有必要出现的物体，或是你认为对画面效果没有帮助的元素，常常会被我们舍弃，或是简单处理一下，但我们如果适时地换位思考，把这些不起眼的物体为我所用，它也许就会焕发新的生机。

　　建筑属于石砌，墙面稍作处理，保留了原始的风貌，低视点的构图，使建筑呈现出仰视的视觉特征，两侧的建筑边线向上靠拢，赋予了它应有的气势。从创作点看过去，建筑主立面恰巧处在暗部里，受光面又较窄，多少具备了逆光的环境特点。因此，这幅图的难点，首先就在于如何归纳建筑暗部里的特征，并采用适宜的技法表达出来，石砌墙面的表现是最先考虑的重点，这是它的本质属性，其次是对墙面上方形的抹灰墙皮和粗糙泥土的质感的描绘。

　　石砌的屋面和台阶应是同样的刻画方法，以每块石头为单元，线条成组铺设，方向有差异，台阶的平整度稍差，不如墙面规整，画时应该注意区分。建筑及台阶大都是暗部，其色调是画面内最深的，但自上而下仍然是由浅变深的，至台阶处，色调最深，体现了光线分布的变化特点，也使物体看起来通透些。受光面较窄，出檐的投影铺了线条，其余的质感用极为简洁的方式表达了一下。方形抹灰墙皮用竖线交接排列，线条较为放松，也很随意，竖线也并非全直，而是略带弧形，中间贯穿着断续的横向线条，用顿挫表达破旧感。

　　画中树木分布在两侧，均是树木的局部描写，于画面中充当了灰色的背景，反衬着建筑，丰富着场景。但树木从前到后，仍然存在层次关系，远处低矮的树木线条随意些，没有树叶的具体表达，近处的树刻画较为细致，线条也密集，面积更大。但左右两侧树叶形态不一致，右侧叶形偏大，姿态优美；左侧叶形细碎，质感细腻。描绘方法的不同提示着树种的差别，树干纤细而不笨拙，时隐时现在树冠里。除非是多年的古树，树干宜粗壮遒劲，一般的树木不宜把树干画得过粗，否则显得灵气不足、笨重有余。

地面上的杂草以及房子边放置的杂物，仅仅描绘了外形，没有更多的明暗和细节，是画面向边缘的过渡，也是整幅速写的收尾、整首乐章的结束，应有意犹未尽之意。

图 4 – 10

第十讲

　　这是一幅看上去似乎有些"简单"的速写，树木占领了画面的上半部分，下半部分是地面上的构筑物（见图 4-11），之所以看起来简单，有这样几个原因。一是画面里没有完整的建筑，只有远处露出的屋顶，其余则是散落的墙体和一些环境元素，并且造型都很简洁，没有复杂的结构。二是墙体等构筑物大部分是受光的，采取了留白的手法，占据了画面较大的面积，仅仅远处的石墙刻画了暗部，"白"就显得简洁些。三是树冠占的面积也达到了近一半，而树冠的描写方法也采用了简单的形式，仅挑数处进行了暗部的强化。整幅图没有很重的色调，光线从右前方照来，所见皆是光线洒下来的意境感，这决定了画面浅、淡的色调主题，也造就了画面给人的空灵、简洁的第一印象。

　　先来讨论画面上部树冠处理方法的一些特点，与以往不同的是，这次同一个树冠采用了两种不同的刻画表达方法交替使用的形式，也就是表达树叶特征的小圆线组合线条和表达明暗质感的小弧线组合线条，出现在同一个树冠中。这些树木在构筑物后面，其前后空间次序是差不多的，因此每个树冠都采用了相同的表现方法。树叶特征和明暗变化交替使用的技法，本身容易将树冠的空间层次拉开，并且创造出受光和背光的差异。树叶特征的小圆线密集色深，明暗质感的小弧线形散色淡，一个集中，一个分散，使相互叠加的若干树冠，有了若隐若现、层次丰富的既视感。树干有粗有细，分枝形式也极简单，穿插分布在树冠的空隙里，散落无序的树冠由于树干和枝条的加入，变得"具体"，也有了"归属感"。较粗的树干还是应该交代下明暗，塑造出体积感，树叶的线条如果杂乱无序，树干的线条就得规矩些，争取从树冠里跳出来，不能淹没在树冠的线条里。哪里明、哪里暗，也有讲究，要跟树冠的明暗反着来，树冠密的地方树干的线条就稀疏点，才能形成对比，反衬出清晰的形体关系。当然，这些在实际创作中，还要根据现实情况合理地调整使用。

画面左侧下方，是一堵完整的石头墙，也是整幅图里体量最大的构筑物，上面覆盖了瓦，光线照射的角度，使墙的受光面极大，只有左侧转折处铺了石拼的线条，突出它的特征，受光面则大面积留白，跟远处完全在暗部里的石墙形成了醒目的对比。

右侧石碾的后方，是一些随意放置的杂物，柴木、篱墙等，也都处在暗部里，色调较深，露出的屋顶几笔带过，它不是重点。最前方的石碾子虽然也进行了明暗的刻画，但它处于画面的边缘，细节上还是有些省略，不能抢。

值得注意的是，地面上的细节处理要谨慎，因为整幅图有强烈的光感，墙面和石碾子有大量的留白，如果地面再不做刻画，细节就没有了，所以用成组的横向线条表现了裸露土地的粗糙感，并用线条界定出道路的边缘，让地面既呈现出了灰色调，也充满了光感。

图 4 –11

第十一讲

　　这是一个逆光的场景，最先看到的时候，有些犹豫应该怎么画，地面上的物体倒是好处理，但是后面的树木，透出耀眼的光线，不光前后层次难以分得清，树冠的明暗关系更是琢磨不透，并且树木品种、颜色、质感又较为接近，只是大小、高矮有差异，混沌的一片，想要画出效果（见图4－12），确实应该仔细斟酌一番。

　　从地面的铺装来看，画面有一点透视的典型特征，构图是简单的，没有太过刻意地经营画面，只是陈述了眼前所见。如果把画面一分为二，上边是树木，下边就是地面了，也算是构图上的特色。地面也较为简单，除了卵石和成格铺设的石材，就是大面积的草坪，其余则做留白处理，有意简化地面的元素，只保留软硬两种，刻画上也只挑局部表现，留了想象的空间。地面的石材铺装是规律的方格排列，用线上也相应地采取了稍工整的形式，线条略长，成组铺扫，以此表达地面上斑驳的投影，并映射石材粗糙的表面质感。除此之外，画面里再没有像这样成组的长线条渲染，剩下的都是植物表达所使用的细碎小短线。

　　这张图的重点和难点，在植物的表达上。近处的草坪和稍远些的树冠，这些处在逆光里的细小枝叶，颜色都较深，很难分清细节的差别，大树和小树都混在了一起，有的树形也被遮住，无法看得全。前面的草坪是要清楚些的，有些光影落在上面，形成了深和浅的变化，形状是随机的不规则，画面中也呈现了这些光感，对受光的草坪进行了留白，而只把阴影中的加以描绘，使草坪具有了轻盈的质感。这种处理手法比全部填充线条无疑要高级很多，懂得取舍，在钢笔速写中是一个重要的技能，也是一个既省事，又能制造通透效果的小技巧，哪些该画，哪些不该画，体现着创作者对场景的理解能力。

整幅图的重点，在画面的上半部分，这像是专门为地面的物体搭建起的背景，但却是最难处理的局部，难点在于在逆光的环境下，如何把色调相近的树冠分出层次，不形成混沌的一片，在这里，"留白"再次发挥了它的作用。只找每个树冠最暗的部分去画，形成遮挡的就省略，稍微亮的部分就留白，当然也不能只抓这两个层次，"灰"的色调才是关键，否则的话就缺少了很多该有的细节。这种情形在明暗分布的规律上同非逆光完全不同，它类似于在图像处理软件中将色调反转，得到的底片效果。

场景中的树木，大部分为雪松，有着短而细的小枝叶，因此树冠的线条也极力体现这个特征。短而带弧度的线条组合，顺着生长习性分布，形成细碎的质感，线条一定要短，但不能生硬，强调树形的边缘，使树冠边缘线清晰，这样即使只刻画了树冠的局部，也能表达出树的特征。有几棵小的雪松树形是完整的，描绘得也较详细，色调深沉，所以在他们周边采取了留白的手法，以便区分层次、制造光感。"留白"也有些技巧，比如在本图中就不是大面积地留出白色，而是填充一些细碎的线条，使背景看起来饱满、厚实，营造树木成片连荫的氛围。

图 4 – 12

第十二讲

　　这张图简洁明快，在构图立意上同前面介绍过的一张作品极为相似，都是前方的树木形成遮挡，后面的建筑通过缝隙透出来，只不过这张速写中建筑的内容少一些，没有那么复杂，草地的处理也清清爽爽，无过多的渲染（见图 4 – 13）。

　　这其实是一个接近傍晚且天气阴沉的街景，有些窗户里透出温暖泛黄的灯光，有些窗户则是黑的，墙面也分不清受光和背光，全是灰的一片，只与窗户的色调有着明和暗的对比，却使墙面成了窗子的背景，反衬着窗子或亮或暗的色调跳动，因此，灰色调成了这幅速写的主基调。下方的草坪和前面的树，可以说是"没有色调"，仅仅用线勾勒出轮廓，概括出外形，明暗的表达全部省略了。这样做的目的，是给后面的建筑留出充分的表现空间，同时，还可以使前后两种不同的场景元素形成对比，便于互相衬托。除此之外，建筑下方的灌木篱墙是整幅图里色调最深的部分，从左贯穿到右，像一条黑色宽线落在建筑的下方，衬托建筑的灰色调，使整幅画面具有了较强的稳定感。从这个层面来说，虽然"灰色调"占了主导，但画面中仍然存在黑、白、灰关系的协调性，并且三者的比例也恰到好处，这就是这幅场景速写十分耐看的重要原因。

　　整幅图的线条风格平直硬朗，几乎没有曲线，即使前景中树木林立，枝条交错，纵横交叉，但看起来仍然不乱。一是由于树木仅用白描，只抓外形，没有明暗，同背景区别开来，二就是线条本身没有弯曲缠绕，从主干到枝条均是硬直的线，秩序感强，不琐碎，分枝也以短线为主，虽然交叉，但重叠的并不多，所以不散乱。现代风格的住宅楼，外观上本就千篇一律，立面单一，场景中各种转折面也没有明暗的差别，因此，建筑只抓了大的外形和窗户的特征。建筑外形的长线被树木枝条切断，成为虚线的形态，须注意即便线断开了，但在气息上仍然要连接，这要求有两点需要做扎实，首先是虚线连成的直线，一定尽量直，不能弯曲，该断的地方就断，留好空隙，这考验线条的控制能力；其次是透视必须准确，建筑边线尽量出现在正确的位置上，即使断开了，也要遵循着透视的方向，特别是外观简洁的现代建筑，更应如此，这考验透视的掌握能力。

　　窗户的刻画只填充线条，不塑造窗户内的细节，采用单一的竖线进行填充，也是配合画面的统一和简洁。为了突出窗户色调的变化，竖线排列有疏有密，体现深浅差别。成组的竖线条有节奏、有韵律地排列着，组成了画面灰色调的主题，看似是树木的背景，实则是表现的主体。

图 4 – 13

第十三讲

　　这是一幅传统建筑及其周边环境的速写，画中光感强烈，天气晴朗，营造了一种艳阳高照、秋高气爽的天气氛围（见图4-14）。整幅图在细节的表现上不算深入，甚至有些局部较为粗放，线条寥寥无几，特别是建筑上靠近画面边缘的部分，几乎没有细节的刻画，但越往画面中心靠近，线条就逐渐多了起来，色调也有了明显的对比，细节变得强烈，形体慢慢饱满，最终的视觉焦点都集中在了画面的中心，也就是深色调较为集中的区域，这样画面的中心变得异常突出，重点也较为明确了。

　　这张图也如往常一样，具备前、中、后三个层次，但和中景作为重点不同的是，前景才是本图表达的主题，中景和背景起了衬托的作用。前景的主体建筑位于高台之上，中景的层次包括较低的建筑、植物以及渺小的人群，背景是远处的山体和天空的云。这前、中、后三个层次中的物体都相隔较远，因此中景只能抓大特征，忽略细节，背景就只能突出轮廓，唯独前景建筑稍微详细些，在靠近画面中心的区域交代了一些结构上的特点。透视关系是较为典型的两点透视形式，但视点较高，视平线大体上位于远处山体的下端，穿过建筑屋顶的下缘，中间这条横贯左右的视平线，加上画面底部的两条长线，提示着画面严谨的透视规则，在构图上营造了较为舒展的视觉氛围。

　　传统建筑的结构比现代建筑要复杂得多，特别是梁柱以及屋顶的承重构件等都裸露在外，如果想细致地表现，这些将成为刻画的重点，消耗时间的同时又很考验眼力。这类建筑想要画得准确，深层次地了解和掌握结构是至关重要的，在画的过程中也能慢慢积累相关的结构知识，加深对传统建筑的理解。

　　中景里的建筑几乎全部使用长线条渲染，是为了摒弃细节，捕捉大的块面特征，布线也较为粗放，体现了一个"速"字，但植物线条却粗中有细，采用小短线，依靠过渡渐变的方式加强了树冠的边界，体现出树木的外形特点。

　　远景中的山的处理就更加简单了，以斜向的直线条，按照深浅层次关系进行疏密排列，斜扫的线条速度宜快，让线条稍细些、流畅些，形成通透的灰色块面，不抢中景与前景中的主要物体。云的描绘也是这张图的趣味点之一，借鉴了西方钢笔画的技法，弧线变换着角度，时而聚集，时而分散，云层厚度也随之变化，把云的亦卷亦舒的形态捕捉下来。其要点在于用笔要轻快，不能生硬，团状的云朵，微妙的明暗差异更要体现到位，底部背光的位置色调稍深，上部色调稍浅，宜适当留白。

图 4 – 14

第十四讲

　　阴暗的背街小巷，被两侧破旧的墙面围合成一个垂直空间，岁月走过的痕迹，深深地印在这条巷子的容貌上，斑驳破损的地面坑坑洼洼、凹凸不平，建筑立面的结构也已经不再完整，玻璃窗早已失去了昔日的光泽，随意堆放的杂物历经风吹日晒，都已褪色，连建筑也仿佛是一位老态龙钟的老人，没有了精气神儿。但这个破旧的小巷子在午后阳光的照射下，却充满了一种平和的力量，如同和谐的生命力，更像一种鲜活的催化剂，调动起了各种元素，使它们恰到好处地融合在一起（见图4-15）。

　　这种破旧的场景，于我而言似乎有着某种吸引力。从接触钢笔风景建筑速写之初，就有意识地寻找类似的场景进行描绘，也许是因为它透出来的顽强生命的活力，也许是因为破旧的东西更具备丰富的细节，总之，这类题材的创作过程是愉快的，也总能让我有所收获。

　　午后的阳光洒在左侧的墙上，留下一道道倾斜的投影，下方受光的白墙，也并非完全留白，而是以竖向的长短线组合，体现它的破旧质感。这种线条组合不宜规则地排列，而是尽量自然一些、放松一些、柔和一些，避免硬、直地去画。但中间小挑檐下方的投影，却使用平、直、斜的规整组合线，且运笔速度快，干净利落，是为了表现投影的块面感，中间也使用了交叉线，让面上的细节更加丰富。

上方窗户只抠了玻璃的部分，因其反射对面较暗的墙，所以色调深些，也是横线、竖线结合着透视的方向，快速地铺陈，尽量做到一次渲染完成，这样线条才干净，有时这种技法的成功率，是能反映基本功的。

　　右侧的墙完全处在暗部里，从近到远，色调逐渐变深，远处的矮墙也成为整幅图里最暗的部分，接近全黑，和左侧受光的白墙形成鲜明的对比，极好地营造了空间的层次，也塑造出了场景应有的氛围。整面墙以竖线条进行打底，往远处延伸时顺着透视方向加入横线条，逐渐密实，制造出渐变的效果。需要注意的是，墙面分隔的线条，不能用较实的线，宜断续衔接，甚至有意扭曲，以体现墙面的不平整。

　　正对巷子的建筑，色调深浅介于两面墙之间，属于较浅的灰色块面，下方以横线条捕捉杂物和墙面特征，并同两面侧墙的竖线条相区分，在统一之中形成变化。越往上，细节逐渐变少，线条密度也随之减小，只在稍灰的局部加了线条，即使是暗部，线条仍然稀疏，把空间层次关系推得远些。

　　地面是体现透视关系较为重要的界面，其分格线总是指向透视灭点，分格线的具体画法同墙面是如出一辙的，主要体现坑洼不平的路面特征，横向的线条除了表达路面材质的特点，还要界定出阴影的范围，因此线条的密集程度，同右侧墙面相差无几。

　　纵观整幅图，其中使用的明显区别于以往的技法是，画面中所包含的物体，均没有用线事先勾勒出轮廓外形，再填充表现明暗和质感的线条，而是直接用线条组合本身去界定出物体的边界外形，只画暗部，亮部留白。这样得到的效果，相比先画轮廓线再填充细节，显得活泼、灵动了许多，没有那么呆板和传统，画面也更加有趣味、更加直接、更加高级，但相应的，这对技法熟练度，对基本功的要求更高，特别是在不打草稿的情况下，想要一次性地画准确，难度是相当大的，所以允许在关键部位用铅笔定位，但铅笔的参与，只有在没把握的情况下，进行关键点的定位，起辅助作用，而不是全部用铅笔打草稿，更不能养成一画就依赖铅笔的习惯。我个人的主张是，就钢笔速写这种一挥而就的创作技法，一定不要先用铅笔起草稿，然后再用钢笔描一遍去完成刻画，否则的话，钢笔线条本身的美感和创造力、表现力，均会大打折扣，也不利于良好的创作习惯的培养。一定要摆脱对铅笔的依赖，找到掌控手中钢笔的正确方法，勇敢地迈出第一步，才能走好后面的创作道路，才能拥有扎实的基本功和创作能力。

图 4 – 15

第十五讲

山城重庆的地势高低错落，巷道柳暗花明，这些生活气息浓重的街景老巷子，随处可见，强烈的烟火气，熏黑了简陋的旧棚子，也熏黑了脚下的石头台阶，就连空气里仿佛也弥漫着市井生活的油盐酱醋的味道。这样的场景总叫人心里五味杂陈，平凡的日子如同踏在石阶上的脚印，上上下下，却留不下任何痕迹。场景里富含的生活特质会吸引我的注意力，使我进而产生创作的欲望，注视场景良久，旧棚子里的杂物、台阶的年代感、石块由于碰撞造成的残缺、树木的枝叶细节，逐渐在脑海里清晰，调动起了创作的欲望，画面效果被事先构筑在心里，所有的这些，都在指引着创作的进行，这算是速写创作的兴奋期。

画面中两侧是极简易的建筑物（见图4－16），但只纳入了它们的局部，虽然分列两侧，但画中的透视关系，却要依靠这些局部的塑造去明确。这个低视点的构图，视平线大约位于最下方的几级台阶的高度，由于构筑物的位置、方向和彼此关系并不是完全平行的，因此在透视关系的表述上就不那么容易把握，总体上来说，还是以一点透视为主导，随意摆放的物体另当别论。但台阶是稍稍倾斜的，最上端的线轻微往下走，说明远处存在一个灭点，是平缓的两点透视。

线条的使用是相对规整的，不显乱，杂物的摆放横七竖八、高低不同,线条组合就不能再加"乱"的成分。左边物体块面感强,不零碎,线条的使用也尽量体现这个特点,以横竖线勾勒明暗关系,同时界定出外形边框,但线条少有交叉,只用横线或竖线的好处是能增强物体的体积感,突出块面特征,同时使画面高度统一。一堆物体摆放在一起,需要理清前后、遮露的关系,不能不分主次,全部铺满线条,这样容易闷,该留白就留白,即使有的面背光,为了营造灵动、透气、富有层次感的画面,也可以制造亮和暗的差别,形成对比。右边棚子及其下方的物体稍多些,形态不一,色调也暗,特别是棚顶下方的背光处,几乎是整幅图里最暗的部分,以密实的交叉线进行填充,其他物体则是用排线按结构和透视方向来渲染,整体色调参照了左侧物体的深浅程度,以便呼应。

台阶占了画面下方的大部分面积,并不好处理,横向的结构,又大多相似,如实进行刻画,难免缺乏变化,造成乏味感。这就要求在画的过程中,敢于制造趣味点,抓住一部分,放弃一部分,这幅图里显然是抓住了中下方颜色较深的部分,将其加强。从上到下,台阶以横向线条贯穿左右,下方细节多些,横线也并非一以贯之,而是断续相接,松弛有度,最下方的边缘甚至使用抖动的线条,体现了极大的放松状态。但色调深的部分就严谨了些,加入了竖向的线条,强调年代久远的破旧之感,也为了使观看者的目光聚焦在这一段。再往上,两条横线一画,就是一个台阶,没有过多的细节,营造退后的空间关系。

上部树木的刻画也有较大与以往不同的特点,两种不同的树，一种叶形稍阔，色浅；一种叶形小而细碎，色深。在表现技法上用了两种不同的手段，左侧以表现叶形为主，用小弧线来回转折，形成树冠的明暗关系，疏密排列较有章法。右侧的树色调深，用短而尖的小线条，在树冠形状内随机排放，较为关键的是应事先组织、安排好亮部和暗部的大致形态及位置，甚至是深浅的程度，特别注意树冠边缘的小枝叶的形态刻画，这对树的形态特征表达至关重要。

图 4 – 16

第十六讲

　　这是依山而建的一栋现代建筑，建筑呈阶梯状，匍匐于山脚，层层递退的形式，保证了良好的活动空间和光照，同时更好地融入自然环境。建筑的一侧，条石铺成的台阶，转折而上，直通二层和三层的平台。自然生长的树木小巧而轻盈，枝细叶繁，姿态优美（见图4－17）。

　　本图的视角，是从正对台阶下方的角度看过去，石阶位于视图的中心，向斜上方延伸，消失在二层的平台。建筑位于画面右侧，仅局部可见，似乎是整个画面环境的配角，丰富着这个具有人文气息的场景，台阶和树丛的形态反而是相对较为完整，构成了画面的视觉中心。

　　在创作这幅速写时，场景中的建筑并没有吸引我，反而是台阶的光影关系和质感，以及不同植物之间的叶片质地对比，给我留下深刻的印象，也打动了我，激起了创作的兴趣。条状石阶，每一块都不同，都有细微的差异，却拥有更多共同的特征，按照规则结合在一起，构成了拾级而上的韵律和节奏，制造了丰富的光影关系，充满了浓重的人文气息。台阶左侧，是木质的矮墙，沿台阶布置，随台阶升高，兼做台阶护栏。较大尺度的木墙与石阶的小尺度高差，形成显眼的差异，制衡了石阶多级跳跃的律动感。木墙与石阶在体量上有对比，在节奏韵律上有差别，恰恰是这样的大小、高低、快慢节奏上的差异，使相邻的两个主体，取得了均衡的视觉效果。

虽然台阶将视线向上引导，但整幅图的视点并不算低，视平线约位于中心线往下一些，由于台阶的转折，透视关系似乎有些难以琢磨，但最下方的几级台阶是较为明确的一点透视形式，建筑则稍微有些角度上的不同，呈现两点透视的特征。这些角度不同的物体，透视关系应各自理顺，但视平线高度都是统一的。

整幅图线条的使用是较为放松的，不显拘谨，虽然都是横竖两种线的排列，但是下笔不犹豫，一气呵成，没有约束在细微之处。建筑顺着透视关系和结构特征，结合墙体自身的质感属性，选用横线或者竖线进行刻画，只取暗部，留白亮部。台阶与木墙作为视觉焦点，线条的风格比建筑要扎实一些，但仍然放松写意，强调和突出光影的律动感，紧紧抓住台阶立面的形状特点和层层而上的投影韵律，以横线塑造块面。竖向的木墙大面积处在暗部，也仅仅用竖线条成组铺设，运笔快，不找细节，色调稍深。

树木的线条使用比构筑物内敛一些，弧形回转的小线条叠加重复，暗部重复多，色调深；亮部重复少，色调浅。不仅描绘了轻盈的树形，更交代了树叶的细、碎特征，看起来舒展自然。树干纤细，没有过多的笔墨，也无明暗刻画，反倒显得灵动和通透，与树冠相匹配，娇小而不失丰富。

图 4 - 17

第十七讲

　　这是一张专门描写树木的习作，这个场景就在教学楼的外面，透过教室的窗子，正好可以看见，远远望去，各种各样的树木沐浴在清晨的阳光里，既耀眼夺目，又充满了平和不争的安详气息。不同类别的树，高低错落，有着不同的色彩差别，深绿或者浅绿、偏黄的或者偏蓝的，树叶的形态、大小也不相同，针状的、小阔叶的，树冠的质感和外形也完全不一样（见图 4－18）。这些树木和谐地生长在一起，彼此相依，又各有特点，在不远处组成一幅生动的画面，深深地吸引着我。

　　画树群的难度，在于不同的树之间如何表达和区分，相同的树如果前后有遮挡重合，又要如何把握层次，这些只有在"实践"当中才能提高的技法，只能通过多练、多看、多琢磨才能深得精髓。画面中大约有四种不同的树木，位于中心位置的塔柏，位于两侧的雪松，散落的杨树，以及几株矮小的、还未发芽的小乔木，想要画出效果、分清层次，得处理好这四种树之间的关系，同时也得理清同种树的穿插遮挡。

　　将不同的树进行区分，首先要解决的，就是把握好每种树的生长特征，选用合理的技法，对树冠的形状、质地根据叶形进行刻画。四种树中，塔柏与雪松叶形相近，均为针叶状，用小短线模仿针叶的形态即可，但这两种树生长分枝方式又明显不同，塔柏简单些，冠形规则，枝叶朝上，线条往上理顺的同时，注意明暗的分布，类似圆锥的布光形态，线条宜向上和两侧分散，锥体边缘仍然要强化小针叶的形态特征。雪松虽然针叶与其相似，但树形硕大，枝叶分散，刻画难度较大，宜用小短线弧形排列，体现松散、毛绒的质感，但排列的方式，一定顺应生长方向和习性，就如同动物的毛发，顺滑自然，不能乱，而是"乱"中有序，疏密得当。雪松不宜死板地进行描绘，要根据画面需要进行取舍，很少整株都画，要体现遮挡和光影关系，局部的刻画仍然以强化冠形边缘为重点，时刻注重边缘那几条线，看其是否表达了枝叶的特征。

零散的杨树体量不大，寥寥数枝，显得稀疏，但仍然须同背景剥离开，树叶用小碎线条旋转模拟，和后方的塔柏相区分。低矮的小乔木没有树叶，仅用枝条表达生长结构，虽然可以透过枝条看见后面的物体，但此处将其省略，否则画面层次效果会大打折扣。

之所以把这张纯树木的图拿出来分析，是因为它代表了多层次、多物种的植物的表达技法，首要的原则，就是不要混合着去画，按前后、按特征，分层次成组予以表现，不同的树种一定要区别对待，采用不同的线条技法，方能分得清彼此的差别。

图 4 – 18

第十八讲

这是欧式建筑主立面的一张表现图，整个建筑的立面呈现得比较完整，细节、明暗关系、材质表达等都较为细致。建筑环境的配景简洁，只用植物的局部作为建筑的衬托，绝大部分面积留给了建筑去支配（见图 4 – 19）。

欧洲风格的建筑物，通常立面的细节都比较丰富，装饰比现代建筑烦琐许多，并且以砖石结构为主，整体造型厚重但不失灵巧。图中建筑立面的主要材质为砖，采用横竖编织型的铺贴方法，看起来富有变化，装饰性强。对于这种砖拼的表达，应先分好大的网格，然后再填充砖块，横三竖三的线条，笔触宜轻快，不能用粗线条，因为在狭小的方格里，要填充多个横竖线，线条粗，会影响窗户等其他建筑立面元素的表达。砖的分格线条也不能如实填充，而是有选择的，在视觉中心或是主要部位以及阴影里需要稍微详细些，画面边缘或受光面，就应概括地减少线条的铺陈。整个立面的砖拼表达，在实际操作中显得麻烦了点儿，这些细微的墙面特征，必须得耐住性子一点一点画，才能有效果。

建筑的墙面大部分都受光，呈现出灰色略淡的色调，刻意营造出光线洒上去的感觉。色调最深处，在视觉中心范围的窗户内，以及较窄的出檐的下方，虽然面积不大，但为画面奠定了黑、白、灰对比的基调。除了砖墙，窗户是建筑立面最为重要的元素，玻璃材质略带反光，根据反射的景物会有差异，因此，即使窗户的形状都相同，但每个窗户玻璃所映射的内容却不同。所以窗户就不能千篇一律地画，而是尽量多些细微的差别，富有变化地表达，把握通透而灵动的原则，运用不同的线条组合，使线条方向各异，或者线条形式变换，这些都是常用的表现手段。

　　阴影中的墙面表现，几乎都是竖线条排列，简洁明快，由于主立面的线条繁多，暗面就不宜再做复杂地表达，去繁就简，突出主体。屋顶的瓦片处理也采用简单的手法，画了大的特征，线条寥寥，将视线引向画面的焦点部分。植物从灌木到乔木连成一片，只取局部，用略尖的线条刻画植物特征，并稍施明暗，色调淡，短而乱的植物线条与建筑规整细密的线条形成了视觉上的冲突和对比，使建筑的主题更加突出。

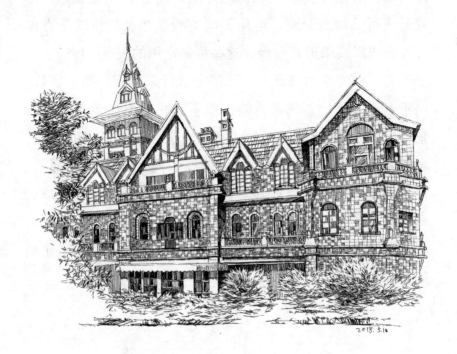

图 4 – 19

第十九讲

拙政园的游廊靠墙而设，贴水布置，呈 L 形，俗称
"水廊"，在江南园林中极负盛名（见图 4 - 20）。水廊的最
大特点就是依地势变化而高低起伏，这幅图所表现的正是
其中一段，场景的规模不大，但各元素却依次分了前、中、
后三个层次，也都存在相互遮挡、透露的关系，算是一个
很有意思的小型景观。

整幅图色调清新淡雅，深色极少，以灰色调作为画面
的基调，中间的游廊以及前景的植物，深浅把握都较有分
寸，给人视觉上的感受是愉悦的。虽然灰色是统领全图的
主色调，但空间层次的营造，仍然游刃有余，不会因为统
一的基调而使前后关系混淆，其中的诀窍，就在于前后两
种元素如何用不同的技法进行表达。如果仔细分析，就会
发现，本图中的前后元素，分别是灌木类的植物和游廊建
筑物。植物是自然生长的，没有规则的外形，而作为人工
构筑物的游廊，外观则是规则的、有秩序的，这是它们本
质特征的差别。在具体刻画中，要抓住这个特征上的差异，
运用合理的技法，才能使前后物体的层次清晰地得以呈现。

首先，在线条的使用上，前后的差异是巨大的，甚至
完全是两种类型。植物的枝叶带有尖状特点，线条主要模
仿这种外形特征，体现尖、细、乱的感觉，使用小短线交
叉，略带弧形，在边缘处强调叶尖，线条可以粗些。冠形

内部线条以轻快为主，宜细。这些各种方向的小短线，在纸面上铺开，看似乱，实则存在着内在的规律，它们都统一在冠形之内，共同组成了灌木的形状，所有的线条控制着灌木的外形，同时冠形又约束着每条小短线的排列分布，冠形的暗部主导着短线的聚合，使其密集，亮部则使线条稀疏。这些线条的排列组合，完成了灌木丛自然形状的刻画，生动而贴切，形神兼备。

游廊的线条和植物形成了鲜明的对比，全部采用横、竖等规则的线，特别是对投影的表达，在墙面上铺开，只在疏密程度上做区分，体现墙面的光影关系，丰富墙面的变化。规律的竖线细长、密集而统一，同植物"乱、短"的小线条，能明显地区分，规则和无序的对比，使前后两个层次能自然地分开，创造了并不混乱的空间关系。

游廊另一个重要的部分，是顶部的瓦片处理，也是规则地排列着，用小弧线表示瓦片的叠压，中国传统古建筑的顶部瓦片有自己的排列方式，两组瓦片之间留有一条雨水槽，下设滴水瓦。在速写中国传统建筑时，要特别注意这些细部的结构，不能含糊地交代，深入了解其结构组成，是画得准确的关键。

其次，在明暗部位的取舍上，前后物体应尽量不要重合，也就是灌木的暗部和游廊的暗部，不要处在同一位置，最好错开。即使现实中存在重合，在创作时也应加以艺术化的处理，层叠交错，不使其混成一片，从而拉开空间层次。

最后，交叠的部分，边界的处理手段也极为关键，前后容易混的原因，有时是边界感不清晰，两个物体融合在了一起。灌木在前，其边界和游廊相接的部位，绝不能拖泥带水，而应使用清晰明确的笔触，塑造出植物的冠形边线，把两者隔开，如能形成一深一浅的色调对比，就区分得更加彻底了。灌木枝叶之间的空隙，可以透出后面的游廊局部，这时也应放弃刻画，服从于画面全局的效果。

　　以上几点，正是钢笔速写中用以区分前后空间关系常用的手法，在实际创作中，要有意且用心地积累和总结这种具体的表达技法。

图 4－20

第二十讲

　　这幅速写在我的作品里算是另类，因为我极少会把场景中较大的面积处理成重色，这幅图正是由于这个原因，在创作完之后，并不觉得是一幅成功的作品，便随手放在了一边。过了几天偶然翻到，强烈的黑白对比，似乎也有些味道，细节处理也恰到好处，尚有值得总结之处，于是便将其中的画面关系分析一二。

　　这幅图（见图4－21）中，水面的一部分在阴影里，另一部分反射了水面上建筑的挑檐底部，这些部分都是色调较重的区域，也是水面色调重的原因。线条快速铺开，折返往复，笔触叠加，色调逐渐深了下去，不一定一遍就完成刻画，而是根据画面其他部分再调整。线条运用上没有特殊的技法，就是来回折线，注意水中倒影，依据所映射的物体确定折线的长短以及色调深度，白墙的倒影适当留白，上下对应。需要留心的是，水中物体与实体的透视关系是一致的，不能出现偏差。

　　另一个色调较深的物体，是上方游廊的出檐底部，此处并非简单地涂深，而是做了从浅到深的过渡，从柱到梁、到顶，依次变深，线条的排列错综复杂，并非平涂，而是比较细致地对檐底的结构进行了刻画，虽然线条密集，但仍然能清晰地看出穿插其中的木质建筑构件的细节。至画面最顶部色调变得最深，同水面的深色相呼应，这一上一下的黑色调，仿佛是自然的画框，盘踞在画面的左下和右上，衬托着中间的建筑和树木。

　　主体建筑与树木，以灰色调占据画面的中心，光线从左侧倾斜而下，半开敞的游廊正处在树木的阴影里，屋顶的瓦片清晰可辨，然而也不宜平铺直叙，概括地使用小弧线部分刻画、部分留白的方式，体现光影的感觉。远处游廊的檐柱在暗部里，颜色较深，也用黑色渲染，一是协调和平衡上下大面积的重色调，使上、中、下形成联系，二是檐柱的背景是灰面，用重色调将其剥离，以便拉开空间关系。左边建筑顶部瓦片的处理也极为简单，没有过多的细节，白色的墙上长满了攀缘植物，用小短线条排列，加重稍暗的区域。

　　树木仅仅可以见到局部，较粗的树干位于正中央的位置，稍宽的体量意味着必须要有细节的交代，用长弧线表达树干的纹理，自由地变换方向，并且自上而下色调逐渐变深，以营造光感。树叶则是小弧线条组合，模拟树叶的形态，整体也以灰色调为主，跟随主体游廊建筑共同回退，构成中景的层次。

图 4 – 21

第二十一讲

拙政园的香洲前舱，矗立着一座高大的亭子，亭子由四根纤细的檐柱承托，亭顶为卷棚歇山式，四角有轩然飞举的翼角，檐下雕饰精美，其下以榭连接后方建筑（见图4－22）。这幅图描绘的正是香洲石舫前舱处的亭子，亭子造型秀丽，外观轻盈，立于石舫的船头，檐角上扬，仿佛要迎风起舞，姿态清新不俗，香洲因此堪称苏州园林中最为美观的石舫建筑。

从偏左侧的角度看去，高扬的檐角异常挺拔，中国古建筑的美感一览无余，檐下的木结构清晰地呈现在眼前。通常这个角度的建筑速写都是两点透视，一个透视点在画面内，另一个在画面外较远的位置，但这张图中亭子右边的檐柱是稍微倾斜的，说明在上方仍然存在一个透视点，这是一个不太典型的三点透视，只不过三个透视点相隔一定的距离，透视强度是较为平缓的，给人视觉上的感受是舒适的。很多近距离观察建筑的作品，向上看时都会有收缩的透视特征，但却不宜都这么处理，除了较高大的建筑，低矮的还是要尽量平缓些，尽量符合人的正常视域的观看感受。

在构图上没有较复杂的安排，就是画了眼前所见，主体非常突出，主要表现亭子的上半部分，茂密的树木布满了背景，后面的建筑掩映其中，时隐时现，拉开了空间层次。亭子主体稍微偏移一些，位于中心线左侧，如同一个目视右前方的老人，因此右侧留出了足够的空间，营造背景，协调构图。

　　亭子的描绘，是比较精细的，从上部飞檐及瓦片结构，到檐底精美的雕饰，再到下方的匾额、墙壁，都进行了细致的刻画。顶部的瓦片是受光面，右侧飞檐也处在光线中，可以看到这两部分的色调在整幅图中应是最浅的，所用线条也最少，仅画出了结构线，瓦片弧线疏密相间，整个顶部以淡淡的色调渲染，在背景树木密集的线条衬托下显得格外突出。来到挑檐下方的横梁、雕饰等木结构时，色调却突然加深，形成了画面中色调最重的区域。光线从左上方照射的角度，恰使檐下的木结构全部处于阴影中，作为全图重点刻画的部分，必须详细交代，突出主题。由于色调深，线条排列必然会多，应规则地布置线的分布，该体现的细节不能含糊。暗部里深浅的差别体现在不同的部位，木质构件等雕饰、梁柱的结构，均以方向各异的线条铺陈，或竖线、或斜线、或横线，不同部位能区分的尽量区分，不能混合成一片，较深的区域则直接处理成黑色，以形成整幅图中最重的色调。需要注意的是，雕饰是亭子建筑最突出的特色，应着重加以表现。掩映在背景中的建筑都是极小的片段和局部，只描写大特征，概括地画，同主体建筑拉开空间关系。

　　背景中的树木，是本图次要的元素，所占画面面积却较大，对大效果具有决定作用，所以采用了较细致的画法。虽然树木成片，没有完整的单株树，但对树冠边缘仍然要抓住树叶形态的特点，依据明暗分布塑造出树的姿态。左侧靠近亭子的树冠线只界定外轮廓，寥寥数笔，生动而传神。

画中有两种树的刻画方式，一种是边缘的冠线，形成树叶的形态。用于小阔叶树的表现，这种线条稍微无序些，甚至看起来有点儿"乱"，表现的叶形有点尖，但统一在树木的生长规律里，极具视觉感染力和表现力。另一种则不刻画树叶的具体形态，用交叉的弧线条，交织出树的亮部和暗部，色调相对要淡一些，只在暗部用交叉密集的弧线，这种表达方法适宜于针叶类树木的表现。

图 4 – 22

第二十二讲

　　青州真教寺的大殿前，矗立着一座砖石结构的碑亭，碑亭顶部覆盖着琉璃瓦，檐下为传统的斗拱结构，两侧立柱砖雕伊斯兰经文图案，纹饰堪称精美，中间为石碑，镌刻明太祖朱元璋圣谕，整座碑亭虽然体量不大，但工艺精湛，气势不凡。

　　这张图（见图4-23）从45°角的视点看去，视平线稍低，约位于碑亭中心线以下，碑亭显得高耸浑厚、气宇轩昂，檐下的木结构能清晰地呈现出来，所见正面和侧面没有强烈的明暗对比，但仍然有色调上的差异，来塑造出形体的体积感。场景是典型的两点透视关系，以斜45°角切入，这也是建筑表达的优选角度，除了碑亭这个主体构筑物，后方有大殿建筑的局部，其余则为前景低矮的灌木和背景高大的松柏类乔木。整个画面的构成元素较明确，也较简单，想要在画面元素有限的条件下，创造出意境和效果，则必须将必要的细节精细化，以表达到位，特别是对主体建筑的表现，应力求结构精准，尺度比例正确，细节丰满，有内容、有趣味点，使观者在看图时产生浓厚的兴趣。

　　这幅作品在构图上也较有特色，虽然构成元素简单，但是在具体摆放时却花了些心思，进行了相应取舍。作为两点透视的形式，碑亭及后方建筑的正面水平线条，均往画面右下方的灭点消失，也即形成左上角到右下角方向的建筑主要构造线，碑亭顶部线条走势较为典型，这造成了画面主要线条走向的不均衡。因此，在处理植物背景时，有意将树冠线制造成向左下方倾斜的角度，形成与建筑线相反的方向，以此取得整幅图在态势上的平衡，这是此图在画面构成上的特点。

　　碑亭体量不大，但结构和细节却异常丰富，要紧紧抓住这些有趣的构造点，并细致地加以表现，画面主题的内容才能形成于对这些细节的刻画里。碑亭的细部描绘以运用小线条为主，依据细部结构安排线条走向，正面和侧面均详细交代，但正面色调偏深，线条稍微密集，每个局部均要耐心地刻画，因为这里是画面的重点。侧面色调稍浅，部分线条进行了概括和简化，以便同正面形成对比。传统建筑结构严谨复杂，如须详细描写，必须要对结构有深入地理解，才能"正确"地画出来，对构造特点不甚了解，只能"照猫画虎"，依样画葫芦，日常的学习中，应注意积累有关古建筑的结构知识，碰到此类题材时才不至于出错。

　　碑亭背后的松柏，极其繁茂，树形高大，贯穿画面上下，采用了错综复杂的线条，交织成灰色块，占据画面右侧，形成建筑的背景。使用尖状的小短线，向各方向无序交织，同时织就暗部，留出亮部，树冠边缘处模拟树叶尖、细的特征。线条虽看起来杂乱，但填充在具体的树冠形态里，又显得极其统一，但应注意冠形要保持自然，符合树的生长规律。这种极短、尖锐、无序的线条类型，易形成灰色面，便于塑造明暗变化，较适合刻画松柏等针叶类乔木。

2018.5.20. 真武寺.

图 4 – 23

第二十三讲

　　这是一幅关于古典园林场景的速写作品，从与石桥隔水相望的角度看去，画面包含若干元素，内容丰富，具体包括几种形态的植物，园林常用的堆叠的山石，带栏杆的石桥，随地形蜿蜒起伏的游廊建筑以及烘托氛围的人物，等等，众多元素按照园林布局的规划，有序地在空间里展开，相互依托，和谐共存，共同组成了一幅充满生机的人文画卷（见图4－24）。

　　画面依然具有前、中、后的层次关系，前景包括了左下方的几块覆盖着植物的山石，水面本应是前景，但场景中的构成元素已经极为丰富，故将水面的描绘完全省略了，留下一大片白色区域，没有填充任何线条。有时构图太满，恰恰不利于图中其他物体的表现，留白反而能突出画的主题。中景是整幅图的重点，包含的元素最多，所占面积最大，石桥及其两侧的山石、一株较大的落叶乔木、纵贯东西的游廊等，都在中景的范围内。后景较为简单，是远处高大的树木。

　　先从前景说起，前景的山石与中景的山石是连在一起的，所以，外貌特征是一致的，上面覆盖了小阔叶的植物，一直延伸到中景。山石只抠出大轮廓，细部被植物覆盖，因此以植物的特征表达为重点，运用小折线围合，模拟小阔叶的外形，分布区域概括而自然，切忌填满，务使通透。

在空隙中增加山石暗部的斜向线条，规则排列，运笔宜快，植物线条与山石暗部线条两相配合，一柔一刚，互为映衬。

来到中景，内容瞬间多了起来，堆叠的山石必须要清晰地交代，外形的不规则，使其看起来不易把握，处理的手法是首先圈出大轮廓，只刻画背光的部位，亮部留白，以使每块都能区分开。暗部线条快扫填充，顺石头块面结构成组地变换方向，以 45°角斜向为主，线条排列一定要快，干脆利落，不拖泥带水、不重复叠加，只以线条疏密体现色调深浅。在外形不规则的石头上，填充略微规则的组线，以建立起空间秩序感，形成简洁统一的风格语言。石桥就较简单地处理了一下，加强了桥底的暗部区域，桥上石栏杆以竖线塑造，尽量简化。

右侧落叶乔木，在色调上起到了平衡整体画面的作用，在体量上也制衡了众多细碎的元素。它贯穿画面上下，与横跨东西的游廊呈交叉状，上方延伸的枯枝，与前景左下方突出的山石形成呼应，稳定了画面。粗壮的树干色调极浅，寥寥数线刻画树皮的沧桑感，稀释了画面中较细密的线条，形成令人舒适的对比。中景里另外两棵针叶类的树，也采用了相近的手法，大部分留白，以周围密集的线条框出树冠形态，用极少的小短线模仿枝叶纹理走向。这是常用的区分相邻物体的方法，挨在一起的物体，必定是一疏一密、一简一繁、一浅一深，制造恰如其分的对比关系，可使各元素更加突出，层次更加分明。中景的一棵落叶树和两棵松柏的处理手法，极好地均衡了线条的密集排列，创造了画面的韵律和节奏。

　　游廊建筑的表现较为内敛，特别是屋顶瓦片的线，耐心地排布来表达结构特征，檐部在墙面的投影等全部使用规则的竖线条，白墙上的投影意在加深色调，而不是突出细节，所用线条不宜乱，要增加规整度，体现建筑的严谨气质。

　　背景中，远处的树也用小短线勾勒树冠纹理，相邻的树木用深浅、疏密加以区分，塑造出交互的形体关系，表现手法和中景里的松柏相一致，以维护画面整体关系的统一性。

图 4 - 24

第二十四讲

两栋古建筑，呈 L 形比肩而立，殿前一片宽阔的平台，平台设栏杆，临水而建，从水面对岸远远望去，两座建筑在茂密的树林掩映下，显得平静祥和又气宇轩昂。两座建筑，一为歇山顶，一为庑殿顶，宽大的屋顶匍匐在绿树间，与环境相和谐（见图 4-25）。

主体建筑距观看位置较远，在透视关系的处理上采取了极为平缓的形式，虽为两点透视，但两组边线的倾斜角度不大，特别是正立面的水平线只是略微向右下方倾斜，平缓的透视角度塑造了舒展的建筑形态，特别是屋顶的姿态，尽显中国古建筑之美。另一个重要的环境元素是各类树木，包括背景和前景的树，前景以树的干枝为表现主体，左右两侧枝条往画面顶部延伸，形成了闭环的形态，类似天然的画框，起框景的作用，便于使观者聚焦于画面主题。背景树木以树冠叶形为主，塑造出"面"，用线条编织出灰色的背景，体现环境特征。剩下不太重要的配景，是小面积的叠石，石头相比湖石要规整得多，块面感明显，容易画。

两个建筑并置，但色调深浅和描绘的细致程度有差异，左侧宫殿线条细腻，造型严谨，细部深入，明暗对比强烈，暗部是全图最重的色调，可以明显看到，这栋建筑是整幅画表现的主体。而右侧建筑体量稍小，色调浅，线条少，画法更加概括、更加简练。一个细致，一个粗略，相互衬托着，互为补充，在表现形式上更加丰富。

主体宫殿的顶部结构清晰，但由于距离稍远，在画面中面积较小，且处于受光的位置，色调浅，所以刻画时线条不宜过于复杂，交代清楚结构即可，甚至有的不必要的细节也可省略，简练地画，线条也要相应地干练，瓦片的叠加体现光感，不要全部填充小弧线，隔三岔五地画。稍暗的区域，例如正脊凹进去的部分，也只是小短竖线过渡排列，未曾填满。檐下梁柱、墙体及大殿内部是深暗的区域，线条密集，立柱用斜线快扫，遵循反光规律，自上而下色调依次变浅，大殿的墙体使用规则的竖线均衡铺陈，与严谨的建筑风格相协调。大殿的内部空间涂深灰或直接涂黑，形成了整幅图中色调最深的部位。次要建筑的造型依然庄严，细致程度就降低了很多，墙体竖线的排列变得稀疏，细节不再丰富，矗立一旁，突出和衬托着主体建筑，丰富着构图。

背景的树木渲染，运用小弧线转折回旋，模仿树叶形态，并组成树冠外形，也分疏密，不可平铺，一是保持树木自然的造型，二是增添画面该有的丰富变化。前景中部的树叶也是相同的画法，只不过树叶形状增大了许多，树干和枝条没有过多描绘，较粗的树枝以短线模拟质感和光线分布，具有细密稀疏的细节表现。

图 4 – 25

第二十五讲

　　这是一处园林庭院的内景，时值深秋，树叶已凋落，只剩些常绿的植物，还倔强地披着叶子（见图 4 – 26）。院子规模不大，配置却是丰富的，各类植物汇集，落叶乔木、匍匐的针叶类植被、常绿的长叶灌木、木本花卉、阔叶植物等一应俱全。天然石堆砌的叠石假山，青瓦白墙上的月洞门，略带波纹的水面，窄窄的石条平桥，传统的园墙，等等，共同构成了一幅富含中国传统意蕴的园林宅院。

　　仔细观看，不难发现，画面中所含的物体，刻画均算不上详细，使人感觉草草，但许多具有前后层次关系的物体却彼此映衬、和谐共存，使这些粗略表现的物体又有了各自的特征，显得不那么"粗略"，将"衬托和对比"这种艺术处理手法运用得恰到好处，正是本图较为突出的特点。

　　从色调轻重上分析，画面右侧色调较左侧重，深暗的黑色调，大多集中在这一区域，建筑檐下背光的木结构、月洞门后的深色部位等，是整幅图的至暗之处，面积虽小，色调最重。但是月洞门所在的墙壁，从整体来看，却是全图色调最浅的元素，接近于纯白，它调和了背后所承载的重色调，一重一轻，强烈的对比，是画面右侧的主基调，也奠定了整图以对比为主要处理手法的表现技巧。

　　月洞门的左侧，色调深度骤减，全部以灰色调为表达主题，且分了前、中、后三个层次，从后到前色调依次递减，每两个层次间都形成有效的对比。作为背景的园墙，以灰色调铺开，完全起衬托作用，再往前为长叶的灌木，以及两棵落叶乔木，这些植物自身的明暗对比稍强，略微强调了暗部细节特征，亮部为小面积的留白。最前边的层次为叠合的山石和匍匐地面的针叶类植物，这个层次色调最淡，只强调了物体的大特征，放弃细部刻画，保留较大面积的留白。这样三个层次色调递减，由深及浅，空间关系明确，造就了画面较强的立体感，这也正是本图所采用的主要处理技巧，通过对比强化了各类画面元素，使之相互配合，同时又保持了自身的基调。

　　植物表现是本图的主要任务，画面分布着几类不同的植物，右侧的木本花卉色调深，强化了暗部特征，使用小圆线模拟成组的枝叶，契合花卉小圆叶片的外形，这丛花离视点位置较近，刻画得自然要细致些。中间大部分留白的地被植物，只在暗部里简约用线，用回折的小弧线，表达针叶类的尖状枝叶特点，应特别注意，外轮廓线组成的外形要自然。左侧灌木以质感刻画为主，线条也是以塑造植物冠形的蓬松感为目的，顺着植物的纹理走向排列线条，并多集中在暗部区域。

图 4 - 26

第二十六讲

　　这是潍坊学院美术学院入口左侧的台阶场景，每天工作都必经的地点，在几年前的建筑速写课上，带领学生写生，完成了这幅作品（见图4－27）。从表现技法上来说，这幅图是没有难点的，抓住墙面的质感表达即可，它的难点，在于处理好各种穿插的透视关系，厘清它们相互之间的内在联系。

　　从这个角度看过去，场景的结构有些复杂，诸多墙面，有的平行，有的成垂直关系，有的则既不平行也不垂直，并且高低错落，有挡有露，还有随着台阶曲折回转的爬山墙，在画之前，就需要理顺这些错综复杂的空间关系。当时写生，坐凳较低，因此这张速写的视点也较低，稍微靠上的水平建筑结构线受透视约束，几乎全部往下倾斜。台阶通向二楼的平台后，做了个小的转折，通向三楼较宽阔的屋顶平台，从写生的位置看去，台阶仅能见到局部，因为随着攀爬路线转折，台阶线条也随透视关系发生改变而往不同的方向倾斜。整图中建筑的构造线似乎难以归纳其变化的规律，但应明白这样的道理，就是同一角度的墙面，或者说相互平行的墙面，透视关系必然是相同的，发生透视变化的线应向同一个灭点消失。画面中包含了几组相同透视的线，它们保持着各自的规律，都有各自的透视灭点，但所有的灭点，都处在同一视平线上，懂得这一点比较重要，复杂的墙面关系都是建立在这个基础上，再去处理画面，就不容易出错了。

图中包含的元素，以各类构筑物为主，两种质感的墙面，一是简单的白墙，一是粗糙的真石漆墙面，充满丰富光影变化的台阶，这些是画面的主体。配景元素包括左侧的龙柏和作为背景的杨树，一低一高，相互呼应。白墙包含了受光和背光的两部分，受光部分几乎全部留白，最前面一道墙仅用小线条随机点缀，体现久远的岁月感和破旧的斑驳感，背光和有投影的白墙，使用规则竖线密集排列，整体加深墙面色调，但不强调细节。教室门口右边转折的墙面洒下一道倾斜的投影，在转折处将投影加深，以区分相交的两个垂直墙面，这算是整图中墙面色调较深的区域。

最上方两面墙体为真石漆饰面，具有粗糙的颗粒感，配合这种质感，采用斜向的线条组合交接铺陈，线条较短，运笔快，尽量不叠加、不交叉，一遍画完，保持画面的干脆和笔触的干净。较大面积的墙要制造光感，使左右或者上下产生深浅的变化，控制好线条的疏与密，画面才更加耐看。

画中有两棵不同种类的树木，龙柏和杨树，叶形和树冠完全不同。龙柏用交织的线条组合表达纹理和质感，树冠边缘塑造枝叶的外形，体现针叶的特征。杨树叶形大而偏圆，用小圆线表达，树冠暗部用弧线回转填充。杨树下部色调加深有两个原因，一是靠近视觉中心部位，刻画理应详细，二是与其前方墙角的色调深度相区别，便于拉开空间层次。

图 4－27

第二十七讲

　　潍坊学院内有一片人工湖，名曰弘德湖，湖边风景秀美，视野开阔，每年春夏之际，总会吸引众多学生在此驻足，校园里有很多类似的场景，都极入画，也成为我风景建筑速写创作的素材之一。

　　阳光明媚的正午时分，光线强烈，浅色的地面反光甚至有些晃眼，几位同学躲在拉磨亭的阴凉里，并肩而坐，时不时抬头望向湖的对岸，微风吹过，亭边的矮树枝叶随着风向摆动，高大的杨树叶片纷翻，似乎闪着耀眼的光芒，强烈的光感深深吸引着我，这是场景给我的第一印象。

　　画面有着视野壮阔的构图，以高大的杨树作为尺度，其他物体在它的衡量下似乎被缩小了，连高耸的张拉膜结构也变得低矮、细小，其下的人物就更加渺小了。因为杨树的尺寸确实是太大了，并且多棵连成一片，构成了一块遮天蔽日的幕布，在它的映衬下，前面的物体就显得体量小巧了很多（见图4－28）。图中没有结构规则的物体，拉膜凉亭也是异形外观，这样的速写场景不容易判断透视关系，唯一能提供线索的，就是地面的蛛丝马迹了。拉膜亭位于接近方形的地面，以及杨树下修剪成形的灌木，使我们捕捉到了关于透视的基本信息，地面两组线条分别向左右两个灭点消失，这是典型的两点透视的特征，也是画面构成的基调。

　　画里大部分面积被各类植物所占据，杨树宽大的成片背景，占的比重较大，色调在整图里也最深。这种单株的杨树，冠形的明暗分布是好把握的，但连成一片，相互交织着，处理起来就有难度了，既要分清每棵树的明暗和冠形，又不能有明显的边界。明暗的把握，仍然是以树的形态表达为基础，相互穿插在一起，则要制造出节奏和对比，使每棵树都能相互衬托，大关系把握上，要以整体成片的形态为主题，强调统一性，而细节的衬托，都必须统一在大关系里。要实现成片中的独立感，有一些诀窍，其中一种是你暗它亮，你亮它就暗，形成对比。还有关键的一种，就是树冠的最高点，必定对应着下方一棵树干，各有出处，树冠高点和树干宜在一条直线上，树才能立的住。应注意成排种植的树，树冠最高点的连线，要大体上符合透视规律。当然，树本身有高差，不必死板地处理，更不能生搬硬套。

　　杨树的具体刻画，是以小弧线和小圆线为主，小弧线表现树冠暗部，密集填充，小圆线表现树叶外形，在树冠边缘强调特征，强化边界。解决了色调较深的杨树背景，剩下的就简单了，前面的物体整体色调浅了许多，便于从背景中剥离。右侧几棵小乔木，细软的枝叶迎着风飘动，如同被风拂过的麦浪，拥有像被梳理过的纹理，上部线条少，中间线稍多，大都朝向同一个方向，但不要形成规则的线，下部的线条密集起来，营造暗部的色调。

　　拉膜结构的亭子本身就是白色的，用流畅的弧线画出轮廓，受光部位全部留白，底部用规则的直线排列加深，柱体以斜线快扫表达光感，线条类型与树木完全不同。地面的投影也利用规则线条排列，与上方对应，在表现性上协调一致。

前景中石头的表达，重点也是要体现强烈的光线感，用干脆利落的斜线扫出暗部区域，使暗部色调加重，又保持通透，与留白的亮部对比异常强烈。

图 4－28

第二十八讲

　　这是另外一个角度的弘德湖的岸边，我坐在亭子下向南望去，映入眼帘的，是这个景观层次分明、视野开阔的横向场景（见图 4 – 29）。一座双亭位于湖面中间，以曲折的栈道连接东西两岸，同时贯穿了画面左右，双亭在画中的体量虽小，但无疑是整图的视觉焦点，横向的栈道形成一条水平线，这大约也是视平线的高度，双亭就坐落在这条线上，占据着画面最重要的位置。

　　前、中、后的层次距离拉得较远，这得益于画面的开阔，左侧的石堆和树群离视点较近，算是前景。中景的距离突然增加，使中间景物陡然变小，以较小的体量处在画面最重要的位置上，栈道和双亭独占中景，但水面的倒影波纹又使中景不那么单调。双亭背后的树木已经无法分清细节，连接为成片的灰色调，更远处高大的建筑，只有明暗，较暗的窗口也无法看清，形成较深的小黑色块，它们共同构成了画面的背景。从前到后，刻画的细致程度依次降低，细节逐渐减弱，空间感被塑造出来。

　　就技法渲染的角度而言，前景因为高度细致，花费的精力要多些，特别是对树群的刻画。整体来说，前景中包含了石堆、树群以及沙地和树群下的草地。树木的叶形较圆，呈深绿色，但树冠形状不大，相互掩映着交汇在一起，线条也相应地采用了小圆线表达树叶特征，铺成片状的树冠形态。暗部中填充密实，顶部受光部位线条虽少，但却非常重要，要依靠这寥寥数线，表达出树冠制高点的形态，这对树群冠形的塑造是极为关键的。树干细长，分枝比较靠上，加强了树冠下不受光的区域，部分涂黑，往下色调则浅。

树群下的草，叶子细长，匍匐在地面，具有动物毛发般的纹理感，只刻画树木下的阴影区域，无须具体的形状，用不同方向的弧线平铺，制造类似编织的效果，竖向的短线模拟草叶的尖端，加强形态的表达。画面下方的沙地，具有凹凸不平的表面，应使用起伏交织的线条，在树的投影下密集排列，做出投影的形状。右侧与石板踏步接壤的区域也略微表达，与左侧形成呼应。

中景全是直线条，按照物体结构规则地排列着，栈道没有明显的明暗关系，处理成灰色调，双亭只把背面的柱体和檐下区域涂黑，使灰和黑形成对比，大块面的色调以竖线描绘，算是平铺直叙，省略细节的表达。由于距离较远，并没有采取先定轮廓然后填充线条的方式，而是直接填充线条，通过线条界定出轮廓，这也是中远景经常用的技法。

背景的树木和现代建筑，处理得就更加简单了，对树木的刻画可以说是粗放的，线条放松，甚至没有具体的规律可言，就以较短的乱线铺就了一个灰色的背景面。需要注意背景中的树木和前景中的树群，它们的树冠尽量不要保持重叠，或者是色调上要明显地区分开。远景建筑以不同长度的竖线条画出暗部，也没有具体的轮廓线，只加深窗户等较暗的部位，这种画法反而更加耐看。

图 4－29

第二十九讲

以现代建筑的表现为主的题材，在我的钢笔速写作品中较少见，一是由于这类建筑缺乏人文历史的韵味，大多外观相似，不能调动起创作的欲望，二是此类建筑位于繁华的都市，体量大，配景单调，不易进行现场写生。这是我的作品中为数不多的现代建筑的速写，有时画多了传统的村落和人文气息浓厚的地域特色建筑，偶尔可以尝试一下现代建筑这种新鲜的形式。

与以往的作品不同，这张图中建筑部分的主要构造线是以尺规辅助完成的，线条非常平直、生硬，看起来挺拔、精神，符合现代建筑的外形特点，体现了严谨高大的建筑气质（见图4－30）。但这种线条刻板和缺乏生气的视觉观感，也确实不适合刻画、表现传统建筑，而更加适宜于钢筋混凝土等城市构筑物的表达。

高视点是这幅速写独特的构图方法，从对面较高的位置望去，视平线落在了画面上方，远处的天际线清晰可见。受观看位置的限制，此视角只能看见建筑的正立面，因此，正立面的刻画是本图最为重要的内容，下方包括了其裙楼的表现，也算是画面较重要的部分，而后方远处的其他建筑就不抓细节了，只塑造大的外形特征，天际线附近的建筑，只以竖线条表示。从近到远，细节逐渐减弱，视线逐渐模糊，极好地突出了主体，拉开了空间的进深感。

建筑正立面在画面中的占比，宣示了它是画面的绝对主角，对立面材料特征的表达，也变成了描绘的重中之重。以尺规遵循建筑外观，建立起结构框架，外立面的主要材料是玻璃幕墙，具有较强的反光特性，要如何体现这种特性？应仔细观察幕墙所反射的内容，然后根据整个画面的色调进行适当艺术化的处理。首先，幕墙反射的是它对面的物体，这就意味着，如果建筑的正立面受光，那么它反射的，是其他建筑的背光面，所以色调应该深，但深到什么程度，要协调在整体画面里，与其他建筑深浅形成适当的对比，以突出其主体的地位。另外，幕墙被结构线所分隔，每块单独的小幕墙应分开刻画，体现出差别，线条排列多些变化，但也要统一在整体所反射的暗部形状里，反射内容的最高点，应是和画面的天际线高度差不多。具体的线条运用，不能再以尺规辅助，而是各方向排线，产生丰富的纹理变化，同时挑出若干区域直接涂黑，表示所反射的较暗的部位。这样整个正立面就包含了变化的填充线条，营造了具有视觉冲击的丰富细节，这些细节共同组成了正立面所反射的完整形状，这是画面重点的刻画方法。裙楼的描绘技法和正立面是一致的，只是在详细程度上减弱了很多，但有了透视关系的加入和投影的衬托，立体感进一步显现。

画面中还有两种不借助尺规的元素，就是行道树和天空的云。行道树分列两排种植，使用稍微模式化的树冠形态，采用小弧线成组地模拟树叶纹理，线组竖向排列，呈聚拢状，行道树的一部分处在建筑的投影里，这部分线条加密，色调加深，其余则往远处逐渐淡化。云朵的线条类型和树木相似，只是排线方向不同，多数为横向，也更加稀疏。

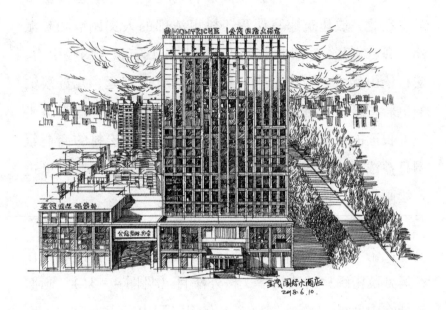

图 4 – 30

第三十讲

　　我在上大学期间曾去安徽宏村写生，工作后也多次带学生在此完成建筑速写课程，村里浓郁的人文风情和徽派建筑白墙黛瓦、古朴典雅的内敛气质，具有极大的吸引力。宏村依山傍水，村内活水环绕，村后青山绵延，几近淡泊的色彩，显得处处低调，人与自然能和谐相处，这得益于先人长远的自然观和规划思维。但近几年，宏村的商业氛围日益浓厚，游客太多，鱼龙混杂，想要安静地在村里进行绘画创作，也并非易事了。

　　这个场景位于宏村较宽敞的道路旁边，大批写生的人群在此聚集，从马路对面看去，意境油然而生，白墙灰瓦在远处茂密绿树的映衬下，格外醒目（见图 4 – 31）。画面被处在中间的门楼一分为二，右侧门洞内是一方庭院，后有仍然可居住的厅堂空间，沿青石板铺就的小道往里走，是一处窄巷。门楼左侧，为一公共建筑前的小型广场，从三级石头台阶上去，两棵大树下布置了可供休息的石条长凳，几个学生正坐在上面画着眼前建筑。这些画面内容，被有序地组织在一起，用线条技法串联起了所有元素。

　　本图中的线条，大体上可分为三种，建筑的结构及细部表现的线条，植物的线条，突出投影、暗部及质感的线条组。画面的主要元素——建筑所用的线条，具有硬、直、

有力的特点，与建筑严谨挺拔的气质相符合。在不用尺规
的前提下，建筑的线条尽量保持规整有秩序，横平竖直，
干净利落，这需要日常大量的练习和实践。在刻画建筑细
部时，都是短线条，但也应保证干脆清爽、下笔有力，体
现犀利的线条感，因此，线条在建筑整体和细部的表达中，
应是相一致的风格，在视觉上也具有协调统一性。

　　植物线条又可以细分为两种：前面的两棵树以及远处
背景的树丛。两种线条风格迥然不同。前面两棵树一左一
右，树冠交融在一起，对靠近画面中心的树冠进行了详细
描绘，旁边一棵细节骤减。树叶的形态呈椭圆形，略尖，
运用的线条也是以体现树叶特征为主，并且以这种树叶线
条勾勒出树冠轮廓，围合出暗部的形状，再将暗部用弧线
组合和树叶线条填充，在较详细的区域，单个树叶可加强
至更深的色调，使树冠形态更加具体、更加细致。树干的
处理很简单，跟随树冠的暗部加深，以弧线编织、填充在
树干的背光部位，由上到下依次渐变。背景的树群，线条
就更加统一，以小短线斜向排列，略呈弧形，塑造出成片
的树冠形态，要注意亮暗部位的色调差异，切忌平铺，以
免糊成一片，应留出空隙，使背景更加通透。

　　最后一种线条类型，为墙面上的投影和暗部，以及地
面质感表达的线条。这些线条比建筑的结构线要细，但更
加灵动，虽然也是成组排列，却不拘谨，而是运笔放松，
速度加快，不体现具体的形状，只加深局部的色调和完成
质感表达，地面铺装和左侧树冠暗部大面积使用了这类线
条，体现了创作过程中松弛的一面。

　　严谨的建筑线条和放松的质感线条，能形成视觉感受上的互补，使画面更加多元，更能体现创作者张弛有度的熟练技法。两种线条融合在同一画面里，形成对比，视觉感受就显得尤为丰富，画面也提高了耐看的程度。

图 4 – 31

第三十一讲

这幅完成于临朐黄谷村的钢笔速写（见图4-32），用时较短，找到写生位置，坐下来开始画，竟然完全找不到感觉。时值晌午，气温有些高，索性停下来仔细观察这个场景，从上到下，是否可以换个思路解决问题？稍微挪动了下位置，这样画面中心处，就不是一个完整的房子了，而是各种环境元素的组合，突然间，刻画的细节增多了，眼睛顺着这个思路深入观察，心里大体规划出了效果。调整位置，从房子的侧面入手，随着线条的增多，绘画的感觉也越来越好，越画越快，最终不到一小时就完成了这幅作品的创作。

现在回头看，整体的效果还是令人满意的，虽然没有完整的建筑物，但场景给人的感觉仍然细腻而充满生机。以较低的视点完成了构图，凡是发生透视变化的线均往下倾斜，沿斜坡向上走，是一个石块砌成的平台，正是由于这个平台的存在，遮住了建筑下部的结构，画面看起来并不像视点很低的一个视角。透视关系其实不复杂，由右侧房子可知，画面是一点透视的形式，透视灭点位于画面最左下角的位置，还是比较低的。需要注意右边房子的边线是倾斜的，并不是透视发生了变化，而是由于年久失修，房子略微倾倒所致。

这张图从上到下，充满了各类植物，刻画精力被植物占去了多半，左右两个建筑倒像是它们的配景。最上面的树木，枝叶高耸，配合低视点的构图，使画面看起来更显雄奇和巍然。上面两棵树采用了写实的表现方法，用模拟树叶形态的线条，按树叶的生长方式和分枝结构，塑造出树冠外形，但并未形成明显的明暗对比，而是以树叶排列平铺为主，树冠的姿态，要尽量体现自然之美，不要形成规则呆板的外形。左右两棵树的叶子形状有差异，一个偏圆，一个偏尖，在树冠边界处要特别强调这个特征。

再往下，是画面中心的部分，在这一区域，"对比"的艺术处理手法再次发挥了重要作用，植物本身的明暗对比、植物局部与房子的对比、规则线条与植物线条的对比，都使这一区域具有了丰富而耐人寻味的细节。植物间的亮暗对比，在这里得到了加强，右边建筑后方的植物处在阴影里，是色调较深的区域，左侧植物则使用了明暗相间、交替变化的手法，一直延伸到左边房子下方的灌木丛，所使用的线条和右侧房子上方的树木是一致的，体现叶子小而尖的特征，暗部用短弧线成组填充，密集排列。左右两个房子的侧面，存在明和暗的对比，房子色调和植物也存在不同程度的对比，房子线条类型和植物的短弧线也形成视觉的对比，右侧房子使用了横竖两种规则线条排列。需要特别指出的是，左侧房子的墙面用竖线条不重叠排下来，描绘了树冠在墙面上的投影形状，线条的疏密程度恰恰能形成介于植物亮部和暗部之间的灰色调。频繁的对比手法的使用，突出了各种元素自身的特征，也增强了画面的视觉观赏性。

　　画面最下方，是堆砌平台的石块和散落的小灌木，石块稍规整，用了规则的竖向线条，每块石头的色调进行了深浅的跳跃，而非平铺，以便制造自然物体的变化效果。小灌木则运用了写意的手法，线条极其放松，与上方严谨的树冠线条，形成了强烈的反差。

图 4 – 32

第三十二讲

　　山东淄博的峨庄乡，素有"北方九寨沟"之称，地表水丰富，泉眼众多，库塘随处可见，在雨季甚至会形成瀑布群的景观，这里也拥有众多艺术院校的写生基地，分布在各个传统村落。除了秀丽的自然风光，古村中有数量众多的人文建筑景观，而这也正是潍坊学院美术学院环境设计专业学生写生的极好题材，传统民居建筑以石头为主要材料，堆砌而成，屋顶以瓦覆盖，多呈砖红色。此地多山，房子依地势而建，匍匐于山的一侧，层出叠见，它们掩映在茂密的树木里，想要见到建筑全貌，则必须走近观看。虽然房子外观大多相似，但每一处又因地势不同而呈现出差别，各自具有意蕴。

　　这幅画中的场景，是一户人家的大门，门口地势平坦，一旁的巷子则以斜坡的姿态向远处延伸，从门口向上走，更要一路爬升，足见地势高低差别的巨大（见图 4-33）。画面构图与地势相应，右侧高左侧低，以体现地形的自然态势，在透视关系上，每个建筑须单独把握，原因是每座房子均是因地制宜，角度不尽相同，在透视形式上就千差万别了。

　　房屋和墙体的建筑材料，取自当地石材，外观相似、色调相近，近期新建的房子，则以砖砌，这种建筑立面相似的情形下，要如何画出丰富的变化，体现出不同的细节，确实值得我们仔细琢磨，这当中，光线和光影，为我们提供了适宜的途径。图中建筑各个转折的面，在材料相同的情况下，依靠明暗塑造出了立体感，并使其成为主题表达的重点。画面主体建筑包括了门楼和右侧建筑的一部分，这里也是明暗对比最强的区域，檐下的暗部色调最重，右边房子窗口内部，也是至暗之处，它正处在树木的阴影里。暗部处理最难的在于，即使色调深，也不能只简单地将其涂黑，而是要体现材料的肌理特性，石块拼凑的质感，画面重点部位，一定是每块石头单独刻画，体现出石块的肌理差别，描绘出每块石头的独立感。同时要保证暗部里整体色调的渐变，从上而下由于光线反射，具有由深变浅的过程。

　　房屋亮部的刻画就简单了，采用概括画法，只挑局部渲染，色调宜浅，这里的线条务必保持轻快、通透，宜细不宜粗。总体来说，建筑外立面及墙面的线条技法，都是以规整为主，或横或竖或斜，都应是直线条，体现建筑的浑厚感。画面左侧的墙垣，只用线条交代了石块拼凑的痕迹，并无明暗刻画，是要同主体建筑相区分，同时往画面边缘过渡。

　　树的刻画，同房屋相比，略显粗放，树干非常纤细，多棵树生长在一起，一棵在墙外，树冠则是连成了一片。树并不大，树叶较为稀疏，从空隙里也能透出建筑的屋顶瓦片。墙内的树干要从建筑暗部中剥离，所以采用了留白的形式，只在接近树冠处加深，反衬的手法有时能保证戏剧性的效果。成片的树冠上半部分只画了边界线和空隙，营造受光的感觉，下半部分则用写意的线条技法，放松、快速地画，和建筑规则的线，恰恰形成了一收一放的对比。

图 4 – 33

第三十三讲

　　这是峨庄土泉村后边的一处位于山坡上的房子（见图4－34），站在低处，远远向上望去，阳光正照耀着房子的山墙，使这一堆相互依偎的建筑格外突出，并且显得屋子有些高大。前面的房子没有任何遮挡，建在一片平坦的高地上，高地的边缘以石块砌成一个平台，上面自行用空心砖搭建了两间侧屋，作不同的用途，旁边堆满了杂物。平台左侧是土坡，坡边长满了杂草，再往下也是由碎石块垒成的挡土墙，简陋但实用。后面的树木完全充当了背景，如同房子的美丽羽毛正在绽放。

　　就构图来说，这幅作品具有清新的视角，仰望的角度不算太大，透视形式能保证在正常的视觉范围内，不发生强烈的扭曲，物体呈现的是一种舒适的视觉状态。仔细观察，会发现画面中平分上下的中心线，与建筑底部的位置大约是重合的，也就意味着，画面下半部分为土坡的内容，上半部分为建筑与树木，这种构图具有较强的稳定感，同时兼顾各类环境元素，为它们的表达留出了充分的空间。很多设计手绘效果图的表现，常常采用这种构图的形式，只不过会将视平线的位置略微上调。

　　这张图中，建筑的部分无疑是画面的重点，但其面积也仅占三分之一，应该说树木、建筑以及土坡石块，各占相应的位置，它们共同组成了完整的画面，所以从这个角度理解，它们都是主要元素，在刻画时所用精力是平均分配的，不能虎头蛇尾，因此，场景广、内容多时，完成的时间会相应增加。

先从建筑说起，较深或者直接涂黑的局部，都集中在这里，是全图明暗对比最强烈的部分。暗部位于房屋的左侧，檐下部分色调最深，光线从右上方照来，在房屋的立面上留下一道道檐部的投影。与别的建筑不同，最上方的房子，墙面为类似夯土的材料，远远看去有些粗糙，屋背面用斜向的弧线编织排列，突出粗糙的质感，受光面仅仅在下部用小线条点饰，檐部投影用短竖线沿上端排列。用空心砖砌成的两间小屋，墙面具有明显的规律分格线，这算是细节特征，暗部按分格线分成的矩形填充线条，每块可以制造变化，丰富视觉效果。亮部就简单了，用直线按空心砖的规格分割即可。屋后的杂物及平台上乱石块等，描绘出外形的轮廓线，稍加明暗处理，不详细画。

房屋后的树木，是这张速写最为精彩的部分，成片的树木，有高有低，树干穿插在树冠的空隙里，时隐时现。大规模的树冠，难度在于既要把握整体形状，又要体现出每棵树的独立形态，这并不容易，有时要让路于遮挡，有时要服从于明暗。片状树冠是由每棵树组成的，整体形状的边界线也由每棵树的冠形来塑造，应始终保持自然的形状，体现出自然生长的特征。不同种类、不同深浅的树木，要懂得相互衬托，并用不同线条刻画出各自的枝叶外形。

画面下方的土坡和挡土墙，比上方的元素要粗放了许多，呈矩形的石块堆积在一起，也只是框出外形，多少加些斜向线条表示明暗变化。土坡的线条也非常耐人寻味，顺着地势创造凹凸不平的效果，或长或短的弧线沿坡向排列，地形的表达多采用弧线横置的形式。

图 4 - 34

第三十四讲

　　竖向的构图，特别适合于表现拾级而上的建筑群，层叠的地形向上攀升，气势油然而生，再有高大树木的加入，在构图上形成了一种天然的优势，建筑稳定、树木高耸、画面层次分明、视觉效果强烈。

　　画中一条沿地形爬升的巷子，界定出一个有跳跃感的垂直空间，两侧建筑的立面围合成一个半封闭场所，如同一个大大的台阶逐次升高，每个台阶上包含了不同的内容，在画面最远处，一栋平顶的房子阻挡住了向上视线的延伸，也占据了地形的制高点，成为前方众多场景元素的背景（见图 4 - 35）。

　　画面虽然也具备前、中、后三个空间层次，但并不适合于本图的空间关系分解，而以上、中、下三个高度层次区分，更能体现这幅作品的构图特色。画面上部是高大的树木，也包括远处背景中的树，近树与远树也创造了横向上的空间距离关系。中间部分内容较多，不同的建筑、植物、电线杆等元素组成了这幅速写的重点，处在画面最重要的位置上。再往下就是承托起重点的下部，这部分内容骤减，虽然也细致地刻画了，但整个色调在中心重点元素的映衬下就淡了很多。

　　这种低视点的构图，一定要使画面建立起强大的视觉气势，上方高大的树木所营造的氛围，正有画龙点睛的效果。两棵相邻的树，树冠几乎融为一体，枝条穿插着，形影相随，冠形是完整的形态，树干也清晰可见。但在具体处理手法上，却使用了避重就轻的技巧，树冠不完全画出，而是重点描绘了制高点及中心处的树冠细节，右侧仅用简单线条框出树冠轮廓，制造了强烈的光影质感和收与放的对比。具体的线条使用有别于以往的树木，运用了质感画法表达树冠形态，具有丰富、细腻的视觉特征，线条顺着一定的走向，如同梳理过的动物皮毛，纹理感极强，不强调树叶的形状，只把握树冠的质感，这种技法较适合于表现枝叶细密又茂盛的树种。

中景是本图的重点，明暗对比强烈，节奏感突出，主要体现在房屋暗部与浅色调的植物交替更迭，相互衬托，用对比塑造了明快的节奏变化，作为背景的灰色调建筑又加强了这种对比关系。中景左侧的建筑为砖砌，不管亮部与暗部，都应加强砖块的独立感，以形成细节。而植物则采用了与上方树木相近的手法，只是线条更少，使色调减淡，注重轮廓，这样画面中上部的植物线条就有了较为统一的风格。电线杆虽然体量不大，但在画面中却具有良好的视觉调节功能，在明暗层次塑造上发挥了极重要的作用，电线杆中上部色调至深，用以和树冠的对比与区分，往下逐渐变浅，以便衬托出相邻的建筑。有时画面中需要这种体量较小的物体来平衡各方关系，增加画面的细致程度和辨识度。

画面下部，包括了石头墙、一条坡道以及一个带有木门的储藏室，这里的重点，是左侧房屋在石墙上的投影和储藏室内的深色调，它们延续了上面建筑的暗部色调，其余的则是略微刻画，左侧房屋墙面更是大面积留白，预示着画面节奏的结束。

图 4－35

第三十五讲

　　强烈的光线从左上方照来，使这个造型精美的门楼，一半在阴影里，一半在阳光里，光线有些耀眼，亮得甚至看不清石块的细节。一条尚未干枯的河从村子上游蜿蜒而下，这户人家就坐落在河道的旁边，门楼面朝东方，虽然经历了漫长岁月的洗礼，充满了斑驳的沧桑感，但保存得依然完好，细部的雕饰也未曾损坏（见图4-36），这在传统村落里并不多见。

　　这幅作品的整体风格比较细腻，细部的处理非常详尽，门楼造型严谨、细致，应有的细节都交代得非常清楚，相比粗放的画风，更能体现出传统村落民居建筑的造型特点。对门楼后方茂密的树木的刻画，也随之详尽起来，以便与整体风格搭配。院墙由近及远，线条逐渐粗放，以获得空间层次感，拉开距离关系。

　　作为主体的门楼建筑，占据画面左侧，体量最大，刻画最详细，右侧的墙体往远处延伸，与后方的斜坡融为一体，逐渐消失，最远处有一道石砌墙横穿过画面。在右侧远端存在一个消失点，横向的线条均往此点聚集，使建筑呈左高右低之势，为了平衡画面，树木整体往右偏移，恰好牵制了重心，门楼与右侧的树，一个左下，一个右上，形成了呼应关系。

　　门楼的线条使用极有耐性，特别是阴影中的细节，如同素描般精细。上方瓦片只有一小部分在阴影里，按瓦片自身的纹理用线，要加强瓦片的厚度感，这对塑造形态很重要。檐部内里，并无装饰，以竖线条渲染投影的区域，较暗的部分线条加密，多些变化。大门上方及两侧墙柱为青石块砌筑，为了体现这种规律的拼砌感，石块需要分开刻画，虽然都使用竖向短线，但线条疏密有别，填充时，尽量使每块石面的上下边线留出一条线宽的空隙，不要使竖线顶到两头，这样石头的独立感更强。石头缝隙要特别加强，在转折处可以制造缺角等残缺感，让年代久远的特征得到展现。其他的元素，例如台阶上的投影等，都是用竖线条进行铺陈，与门楼严谨的外观形象相符合。亮部的表现大部分是留白的，至多交代轮廓线，或用斜线横扫表达质感和零星的投影，较矮的墙体由碎石块拼凑砌成，由于不是重点表现区域，线条就随意和放松了许多，横竖交叉用线来体现垒砌的外观，暗部斜线或竖线填充石块，至远处逐渐概括、简化。

树的表现也是本图较有特点的画面元素表达技法，对树冠形状的捕捉非常精细，上方两棵高树尤为精彩。冠形自然，明暗分配得当，与树干结合也恰到好处。不管亮部或暗部都有具体的冠形表达，亮部用极简略的线条划定边界，暗部则首先确定区域，用斜向的弧线条精细地填铺，树叶形态的尖角线分布在外围，增强特征。下方的植物暗部色调稍深，两棵高树的暗部呈灰色，介于深与浅之间，不抢不争，同时衬托出主体建筑的亮度。

图 4-36

第三十六讲

这幅速写在我所有的作品（见图 4－37）中，应该算是最为细致的一张了，所花的时间也最久，大约用时一个上午，从八点多开始一直到中午才完成。这是峨庄土泉村里保存最为完好的传统民居，据说已经有几百年的历史，当我站在它面前时，也被它的精致与淳朴所打动。精致在于造型严谨、尺度合理，雕饰大气而不夸张，细部结构极其精美。淳朴在于如此精细、实用的建筑物，却仅仅使用了石头、木材、砖等取自当地的材料，在颜色上毫不夸张。

秋天的早晨，阳光格外明亮，山村里空气质量高到令人异常清醒，沿着门前一条斜坡往下走，我就站在斜坡下，仰头看去，阳光洒在墙面上，时间仿佛凝固了，阴影里的细节清晰可见，这个场景深深打动了我，一瞬间，我决定以精细的画面风格来捕捉这一幕。

我坐的位置地势低，使画面具有了较低的透视点和视平线，这样做的好处是，使眼前并不高大的房屋具有了视觉上的气势，把它们完全放在视平线以上，形成仰望视角，突出建筑的结构特点。另外就是受场地条件所限，门前是极窄的巷子，只有退回到斜坡下面才能看清房屋的全貌，有时一幅成功的作品，正确构图的视角，也只是被限定在某个角度上，找不到这个角度，效果可能就出不来。画面是并不典型的两点透视，一个透视点位于画面右下角，而另一个则在画面之外的远处，屋顶的横线都往此点汇集，但上端与下端横线的角度相差并不大，说明画外的消失点有一定距离。如此精细的图，在不起草稿的情况下，一定要做好关键点的标记，比如建筑结构的转折点，墙体上下两个端点以及物体长度的端点，等等，使构图范围在自己的掌控中，由一个切入点开始画，以此推开，随时关注各物体相互的比例和明暗关系。

这张图可分为上下两部分，上半部分是门前道路以上的建筑物，下半部分为道路水平面以下的石墙及阶梯状的挡土墙。在明亮光线的照耀下，画面中心较大的面积全是受光的，而上下左右都有暗部的存在，恰恰能围绕中心形成四周呼应的关系。最上端与最下端的色调对比基本一致，最深的色调分布在这里，而左右两侧呈灰色，稍浅，介于亮和暗之间，调和着画面中两个极端的色调。

精细刻画的图面，长线条使用得不多，细部特征主要依靠短线去捕捉，并且是以横线与竖线等规则线条为主，横线多是结构线，构筑细部结构的轮廓，竖线填充渲染细节、塑造明暗，这是画中线条使用的大原则，也是使画面统一的关键。

最上方的房屋檐部，瓦片的可见度较窄，因处于亮部，用极简略的手法一带而过，重点在檐下及左侧房子的山墙。砖石结构使墙面和门楼内里呈现出规律的节奏和块面感。墙面被分割成若干个相近的小块面，使用断续变化、粗细不等的横线，沿着透视方向，界定出砖石的体块，并以短竖线填充，注意每个面上的色调差异。这决定了竖线的疏密程度。最下方的挡土墙暗面，也采用了同样的手法，但石块的大小没有那么规则，整体的严谨度比上方建筑粗放些。须注意左右两侧的灰面，具有极高的概括性，左边墙是往外逐渐过渡消失的，竖线可稍微随意一些。但右侧是树木在墙上的投影，用短竖线塑造投影形状时，要抓住树影婆娑、枝叶纷披的神态，短竖线既要填充石块，又要模拟树影，如果技法不熟练，一定要提前规划好投影的形状。

　　画面中心留白的区域，在找石块边线时，要若隐若现、时断时续，笔不到而意到，"留白"的部位要足够白，细小暗部要足够黑，才能体现强烈的光感。有时亮部的处理，更考验技法，它比暗部更概括，更能体现创作者的精练能力。

图 4 – 37

第三十七讲

在青岛的老城区，德式建筑随处可见，这为喜欢建筑画创作的人们提供了宝贵的资源。2021 年秋天，我带领学生，在中山路附近完成了当年的建筑速写课，受时间及疫情所限，我们在青岛待了 10 天，也只是走马观花，来不及进行更深入地对德式老建筑的了解，所以写生结束时，仍感意犹未尽。

这张速写是到青岛后的第一幅作品（见图 4 - 38），中午到达，下午带领学生踩点时，看到这个场景。透过两侧的树梢，一栋老建筑的局部清晰可见，建筑下半部分被遮挡，恰巧露出了结构最为精彩的部分，树木成了天然的取景框，使构图再简单不过，但却包含了最为质朴的技巧。不大的建筑体量，简洁的构图，正适合拿来练练手、找找感觉，有时心态越放松，手就越能放得开，这张速写的创作过程因此变得流畅舒展，用时较短就得以完成。

从这个角度，只能看到建筑的立面，仅突出的攒顶半六边形结构带有墙体转折，其他的则完全处在同一个平面上，在这种情况下，想要塑造出建筑的立体感，并非易事。好在光线恰巧从右边照来，建筑立面的右侧与左侧呈现微弱的明暗差异，我在创作过程中，适当地利用了这一有利条件，把左右两侧的明暗对比略微加强，使突出的攒顶建筑成为明暗的转折处，攒顶左边为暗部，右边为亮部，建筑立面的立体感通过这种方式被描绘出来，同时也为两侧树木的具体刻画埋下了伏笔。

虽然画面中呈现的是一个立面，但透视关系必须在动笔前加以明确。一般这种角度，如果先把这张图的视距拉远，包含进建筑的转折面，那它必定是两点透视的形式，这张图只选取了两点透视的建筑的局部进行表现，绝大部分横向线条受右侧透视点的约束，向其聚拢，但不能忽略另一个消失点的存在，它制约着一些隐形线条的走向，例如窗户上沿与建筑立面垂直的短线条，有人会忽略这些线条的指向，但它确实应向另一个透视点消失，有时这些线容易出错。

两点透视使建筑立面呈左高右低之势，为了平衡画面，右侧加入了较高的树，与左侧建筑呼应，纠正画面的失衡感。左侧的树木最高点低了很多，配合右边树木，也是为了形成与建筑屋顶的下降走势相反的上升姿态，这些构图上的心思，有时候不是提前规划好的，而是随着画面完成度的提高逐渐产生的。

在这张图中不得不提的一种画面处理手法，就是"对比和衬托"的使用。以攒顶结构面向视点的转折线为界，把画面一分为二，右边是亮的立面，暗的树冠，左边正相反，暗的立面，亮的树冠。每个部分自身存在强烈的对比和衬托，而且左右两部分之间又有激烈的视觉反差，制造了耐人寻味的戏剧效果和吸引眼球的趣味点。

整体的线条使用也是较为放松的，特别是建筑立面中窗户细部线条的粗放感，以及暗部中横向排线的轻快感，都体现了创作过程中的轻松心态。但这些放松的线条又被统一在严谨的透视关系和建筑造型里，显得粗中有细、游刃有余。右侧的树冠表现得稍谨慎些，采用了接近写实的手法，突出单个树叶的特征，并以树叶线条汇集形成整个树冠的形态，树梢部分加重加黑。左侧树冠则使用留白技巧，概括地表达树叶外形，重点塑造树冠的轮廓边缘线，内里线条稀疏。

图 4 – 38

第三十八讲

　　这是圣弥厄尔教堂右侧出入口的一处场景，尖顶的两层建筑静静矗立在教堂旁边，默不作声，没有教堂雄伟高耸的气势，却有一派安静祥和的氛围，如同卫士般守在教堂的重要关口（见图4-39）。建筑外观风格同教堂如出一辙，以哥特式建筑为主，同时也有罗马建筑的部分风格，时值疫情期间，门口处还搭建有临时的检测棚子，但人流依旧熙熙攘攘、络绎不绝。

　　清晨时分，光线还不是那么明亮，空气中似乎还有一层薄雾，阳光斜着从右边洒来，树木的右侧被照亮，白晃晃的，左边色调却极其深沉，缝隙里还能透出一些光。树冠的一些投影，挂在建筑的受光面上，斑斑点点，参差不齐。建筑躲在树后，露出暗部的形态，却也十分清晰，偏墨绿色的尖顶，远远看去似乎有点旧了，泛着渐变的色调，但给人的视觉感受却极舒适，在一片砖红色的建筑里显得格外醒目。二层是有点暖的土黄色墙漆，也有泛旧的感觉，一层则是灰色的砖墙，搭配砖红色的窗楣，颜色沉稳。

　　画面中主体建筑虽被树木遮挡，但其体量已经说明它是其中要表现的主题。它的明暗的对比在全图中最为突出，其余所见的构筑物均色调平淡，无明显对比。在构图上属于四平八稳的形式，以大小区分主次元素，透视形式也较简单，主要是一点透视，但要注意主体建筑是依附在其他建筑上的正六边形结构，图中所见的两个面并不是垂直关系，而是成 120° 角，这在把握透视角度时要注意，不要当成垂直角处理。出入口前方，是一片面积较大的空地，天然石材铺装地面，不仅纹理清晰，也与建筑和谐共处，入口处的石墙及两侧的方形石垛，上有压顶，颜色和质感与地面一致。

场景在整体表现上属于较细致的风格，主体建筑刻画详尽，树木也采用了偏写实的手法，色调深沉稳重。建筑尖顶部分以六边形向上集中，汇集于十字架下，没有过多的材料细节，线条使用就显得略简单，只是顺透视方向用直线条平铺，以疏密区分明暗关系。二层的暖黄墙漆，应体现出"旧墙"的感觉，使用竖向成组排线的方式，线条首尾相接，形成接痕，局部以短横线填充，体现年代感。墙体转折处明暗对比明显，线条密集，往左侧变稀疏，营造光线反射的光影质感，增加同一面上的细节变化。亮部里树冠的投影也用同类型的线条形式，竖向排列，也能与树冠的线条区别开。一层的外立面变成了砖墙，以横线分出砖块线，斜短线渲染砖块色调，不能全部涂满，使色调与亮面拉开差距即可，一层受光面则完全没有铺斜线，只保留了砖块的分格线，强化了亮度特征。

非主体的构筑物大都刻画简洁，以轮廓描绘为主，后方建筑只能见到瓦片，离主体建筑最近的屋顶色调加深，重于主体建筑的暗面。

较大的树，重点放在了暗面，画面边缘的树冠，受光照影响往外逐渐虚化，以密集的线条强调树梢的冠形，并在边界上模拟出树叶的形态。左侧和远处的树木，也是依据特征采取了不同的线条技法，近处叶尖，远处叶圆，对应地使用尖角和圆角线条。人物的出现丰富了画中的氛围，要大体上交代着装风格，分清性别，刻画的详细程度与画面整体相统一。

图 4 – 39

第三十九讲

在青岛写生期间，正值市北区中山路附近的老建筑群集中修缮维护，随处可见正在施工的工地，在写生基地的隔壁街道，也有一处正在加紧修建的工地。老建筑的巷子尺度都不大，两侧架上防护网之后，就更显局促了，地势的变化也使远处景象尽收眼底，所以场景里的内容略显杂乱。这种热火朝天的气息，具有时代洪流的烙印，也记录着建设者们对国家发展所做出的贡献。

纷乱的场景有时也能激起自己创作的欲望，总想从这些复杂的物体关系里抽丝剥茧，层层梳理，把各种元素合理地安置在相应的位置上，而后产生一种成就感和满足感，正是这样的感觉，推动着创作者在艺术道路上一往无前、不断创新。这张图（见图 4-40）里烦琐的画面元素也着实让人挠头，从前到后，无处不充斥着各类建筑元素，高矮、大小、新旧都千差万别，交织在一起，要在不依靠铅笔起稿的情况下顺利完成，刻画难度还是相当大的，有足够的耐心是成功的前提。

通常的做法是，使用关键点，例如画面最高点、最低点，主要建筑的高度点，物体长度的定位点，等等，掌握好整体画面的框架大小，把控好宏观布局。在这个基础上，由一个点切入，比如本图中的卡车，然后逐渐往周边推，推的过程中，时刻注意彼此的各种关系，比例关系、明暗关系、透视关系等，有时已画完的物体可以作为后画物体的参照，特别是透视的把握，层层推进中，参照彼此，更不容易出错。

这张速写的创作过程，虽有难点，但只要坐得住，扎扎实实、按部就班地推进，其实并不难完成。这是一点透视较典型的场景，远处有一面斜坡，稍稍干扰了对透视的判断，在画第一笔以前，要完成的就是找到透视灭点，把它标注出来，因为所有发生透视变化的线条都要受它限制。我由卡车入手，先判断好它在画面里所占面积比例和到透视点的距离，只要把握好这两点，就可以开始正确地画了。然后是右侧的墙体、近处的电线杆，这些物体的体量、高矮都可以参考卡车去画，再逐渐推近到卡车后面的建筑，层层叠加，至远处树木前高大的白色建筑，算是完成了第一层内容的刻画。

第二层内容，是左右两侧的防护网，以及地面的特征。左侧防护网无遮挡，靠近透视点，透视强烈，面积较窄，线条的铺设要有过渡感，交叉用线，不要全填充。右侧防护网较宽，刻画详细些，要注意统一两侧的色调深度，总体要比已完成的第一层深。午后的强烈光线使地面的受光度极强，地面刻画的线不宜过多，交代大特征即可，右侧建筑和卡车在地面上的投影是重点，要画得整齐，体现精准度，同时，地面的投影和远处斜坡上的投影，要处理成画面色调最深的部位。

第三层内容，是远处的房子和树木，这些物体只抓大特征，不画细节，但它们相互掩映，错综复杂，也值得一笔一画慢慢完成。至此，画面全部内容算是描绘完毕了，细节的补充，色调的调校，是不可缺失的步骤，有时也可不用着急完善，过几天再处理，可能对画面会有新的理解。

图 4 – 40

第四十讲

　　这是一幅看起来较轻松的速写作品，刻画的是青岛江苏路基督教堂的局部（见图 4 – 41），没有复杂的构图，没有过多的元素，只是对教堂建筑的结构和外观进行了细致地描画，似乎有些"清心寡欲"的感觉。的确，当面对基督教堂全貌时，并没有立即进入创作的状态，而是有所迟疑，无从下手。进入教堂内部，一种肃穆神圣的气息扑面而来，从窗户透进来的光洒在白墙上，没有过多装饰的墙反而显得庄严和祥和，寂静无声的宗教空间，竟突然使人把烦心事暂时忘在了墙外。从教堂出来，回头往上看时，发现了这个场景，干吗非得画全貌？其实不用强求，找自己欣赏的景色，遵从内心，忘掉过多的思想负担，一样会创作出令自己满意的作品。这张图正是在此心境下完成的，画面所传递的，也正是一种去繁就简后的平静感。

　　基督教堂原名福音堂，画中是钟楼及礼堂的局部，教堂是典型的德国古堡式建筑，由石头堆砌而成，钟楼高 39米，上方下方均由厚重的花岗岩垒成，并裸露石头的原貌，特别是墙基处，体现了凝重、粗犷的风格。钟表以下，建筑墙壁坚固厚重，呈偏暖的土黄色，花岗岩为褐色，墙上镶嵌半圆拱形花岗岩窗框，钟表以上为绿色的尖顶结构，中间开窗。礼堂屋顶为陡斜的红色瓦覆盖，使整个教堂的轮廓显得清晰简洁，突出宗教建筑独有的神秘美感。

　　仰视视角增加了钟楼的雄伟和高耸感，建筑气势便油然而生，画面下方左侧为繁茂的树冠，右侧为礼堂的窗和屋顶，一左一右的均衡，稳定了画面的构图。仰视所带来的透视关系，必定是稍显复杂的三点透视形式，左右两边的竖线略微向上内收，趋向于上方的消失点，钟楼两个转折面的横向线条，统一向下倾斜，汇集于左右两个消失点，这种透视形式，对于结构复杂且细节丰富的建筑立面来说，有时极容易出错，可以借用辅助线条来完成对透视的把握，如果单凭经验，想要画对，就须要反复揣摩、观察，以确定线条的倾斜方向在正确的轨迹上。

　　对钟楼的刻画，多数线条都用在了暗部的细节，钟楼上方的材质可能为金属拼接，漆成绿色，线条全部使用规则的组合，横线和竖线，按各自结构理顺，呈现出高度的秩序感。石砌的墙体部分，线条稍乱，体现石头和墙面应有的质感，但也乱中有序，制造了粗犷的视觉特征，裸露的花岗岩，线条短而乱，但墙面的线偏长，呈弧线状，具有特定的纹理感。整幅作品的色调清新淡雅，极少重色调，以灰色组织画面，完成渲染，同时又不失细节，结构明晰，具有相看不厌的意蕴。

图 4 - 41

第四十一讲

　　行走在青岛的老城，不时就会有保存完好、正在使用中的老房子进入视野，经历了百年的沧桑历史，他们依旧具有鲜活的生命力，这其中最重要的原因，就是有人居住使用，不断润泽。政府的重视，统筹保护也是重要原因。青岛老城区的街道纵横交错，并非南北正向，沿街而行，总让人摸不透方向，突然出现一栋造型精美的老房子，也不知其朝向。站在马路对面看去，房子砖红色的瓦片、淡黄色的墙、暗红的两层木阳台，掩映在绿树之间，露出最动人的部分，建筑有院墙，石质的方形立柱，上有压顶，颜色与建筑色调也极为匹配。一辆小轿车停在门前，斑驳的树影洒在车身上，一幅充满人文情调的画面呈现在眼前（见图 4 - 42）。

　　画中元素经过构图的调和，进行了取舍，马路不宽，视点的位置并不算远，但在具体创作时，有意将视距加大了，建筑呈现出平缓的透视特征，营造出了舒适的视觉感受。两棵树的间隙，恰巧框出了建筑的主要转折线，透视形式是平缓的两点透视关系，左右两个透视点相距甚远，所以建筑两个面上的横向线条角度极小，从上到下有微弱的变化，如果是透视不熟练的初学者，往往不易把握住这个细微的差别，这有待于在日常创作中多加练习，提高透视掌握的熟练度。

　　画面两侧是树木，高矮相当，左边树冠只取了树梢的部分，建筑左侧被树冠线切成不规则的形状，右侧树冠面积较大，也加强了暗部的刻画，树梢处颜色稍深，几条细细的枝条穿插在树冠的缝隙里，下方是一株小树，也画得较详细。画面的下部，方形立柱和矮墙一字排开，矮墙上镶嵌铁艺的栏杆，在墙外的马路边，一辆两厢小车静静地停在那里，活跃了场景的氛围。主体建筑被这些周边的元素包围在其中，好像加了天然的画框，倾斜的屋顶上瓦片清晰可见，山墙的细节、窗户的形式以及窄窄的侧窗，是露出的主要结构，右侧两层木质阳台，藏在上下两个树冠之间。整幅速写的构图看似简单，实则是用了心思经营所得。

　　画面在色调的布置上，也使用了一些艺术法则，较深的色调集中在右侧树冠的树梢暗部、下方车辆的玻璃以及地面上的投影，这算是场景里色调最深的层次。主体建筑的色调并不深，即使是墙面暗部，也呈现灰色，包括屋顶和木质阳台，这是画面色调的第二层次，最浅的就是左侧树冠的局部，大部留白，只加强边界线和稍暗的区域。整幅作品的风格偏向细腻，主体建筑的结构较细致地做了表现，采用规矩的线条，墙面暗部以竖线从上往下做出渐变，瓦片在背光的区域，也被逐一刻画，右侧木条装饰的阳台，结构表现也很清晰，全部用规则线条描绘。树冠则用了质感法表现，以弧形线条组进行渲染。

图 4 - 42

第四十二讲

　　青州杨集是一处写生的好去处，因距离淄博较近，传统村落风貌与峨庄相仿，2022年秋季建筑写生，我带领学生在此地上课。这是到达当天的第一张速写，完成于三角地村，村子依地形而建，房屋之间存在巨大的高差，仰望或者俯视均有不同景致，甚至是截然不同的感受，所以，在村子里时不时地一抬头，就是一处绝佳的创作场景。

　　这张图（见图4－43）正是路过一条窄巷时偶然抬头所见。巷子一路攀升，至一户人家门前变为平台，然后再由台阶上去，便可通往其他去处。这个场景是站在门前平台的下方向上看去的景象，农家大门的正对面，一块照壁相对而立。照壁里侧，是转折的台阶，拾级而上，又有一处平台堆满了柴木，挡住了后面行进的弯路。上方巨大的挡土墙略呈弧形，犹如一块宽大的幕布挂在半空中，右侧露出山坡上房屋的山墙，高高的屋脊成为画中建筑物的制高点。自然散落的树木就顺着这高低错落的地形，不规则地生长着，没有任何规律可言。平台上坐满了写生的同学，低着头认真画着画。

　　我坐在低处，形成略微仰望的视角，视平线降低到画面的最下端，倘若没有农家大门和照壁最上端向下倾斜的线，似乎很难发现这是仰视的角度，原因在于场地的地形变化极为丰富，诸多转折和错落不易判断透视关系，画中所见墙体及建筑大多是一个立面或侧面，而没有立体结构呈现，也会扰乱对场景角度的判断。构图层面其实没有刻意经营，只是将眼前所见正好包含在这张纸上，画面下半部分是由石块堆砌成的人工构筑物，上半部分是高昂的树木，对左右两侧的物体进行了取舍，弱化它们以强调画面中心位置的元素。整图的色调分配对这张画的效果至关重要，色调最深的部位在画面的中心处，是一丛不受光的灌木，躲在大门旁的石墙后面，柴木堆旁的灌木色调也是较深的，它们处在同一层次。画面下部所有物体均进行留白处理，线条较少，地面和照壁后有少量深色，起稳定画面的作用。画面上部石墙、房屋、山墙、树木均呈灰色，算是整图的中间色调，线条铺设集中在这里，也是较耗费精力的区域。

青州传统村落中的房屋建筑也是就地取材，用接近方形的石块堆砌各类构筑物，石块大小有差别，色彩偏灰、偏冷或者偏土黄，用线条模拟出石块，以斜线填充，其实不难，难点在于如何处理好这同一画面中成百上千的石块群体，并理顺它们的层次。一是靠明暗，暗的地方线条多些，亮的地方少点，即使同一个面，也要形成变化，让它们相互对比。二是靠概括，全部填满，远不如用局部表达特征要有效果。中间的灌木色调最深，但树叶形态也要交代具体，这里是画面的重点。人物的加入使场景具有了不一样的氛围，以简练的线条刻画，宜浅不宜深。

图 4 – 43

第四十三讲

　　村边的一条河流蜿蜒而下，呈巨大的曲线状，河道以石块筑起，直上直下，还有些深，这样可以抵御雨季丰沛的水量。河道以上是一条平整的道路，随着弯曲的河道消失在远处的密林里。道路及河的两侧是一排排茂密的大树，有着形态各异的树叶，深浅不同的颜色。

　　清晨的太阳，斜斜地照射过来，长长的树影铺在河道上，形成了若干转折，如同一块黑色的桌布，从河道垂下来，延伸到河流里。空气清新，透明度也高，光线异常耀眼，受光的河道上的石块，窄窄的道路，一切都明晃晃的，就连沐浴在阳光里的巨大树冠看起来也明亮而泛着白色，光线里的建筑细节也被减弱了很多。眼前这个场景不见一个人影，如同被时间凝固了，唯有潺潺流动的溪水，提醒着我们，时间仍在流淌。

　　这张速写（见图4-44）算是远景的描绘，所有建筑都显得舒缓而平淡，没有紧张强烈的透视关系，只有河道和道路与视点呈接近垂直的角度，透视特征要强一些。建筑旁边的道路为S形，延伸至远处树木的下端，被建筑遮挡而消失不见，画面中其他所有元素均围绕道路的形状布置，建筑分布在路边，树木也生长在路边，河道的形状也随道路改变，可以说，道路是这张速写构图的骨架，在具体的创作过程中，道路是最先被确定的元素，长、短、宽、窄被定好以后，才依次安排周边的物体。远处道路的尽头，如同这张图的上下交界线，以下为地面的附着物，以上为高大的树木。随着道路往观察点的位置推进，宽度逐渐加大，石头砌筑的河道立面高度也随之增加。路边的房屋体量一个比一个大，至近处电线杆的位置，所有建筑最高点的连线，连同道路与河道立面的转折线、下沿线，均向同一个消失点消失，也表示这幅作品的主要透视关系为一点透视的形式。

色调分配方面，明暗的对比还是比较强的，虽然没有建筑转折的对比，但受光与背光的深浅差异仍然较大。画面最深的部位是左侧画外的高大杨树在场景里的投影，从河流开始往右延伸，经河道立面、道路至电线杆，然后是灯杆背后的树木，这些元素均被投影笼罩，形成了整图里色调最深的区域，如同包了一个黑色边框。边框之外是靠近视点的区域，内容少，光线明亮，仅有路面及河道中的石头堆，线条也少，以留白为主。边框之内包括各类树木和远处的建筑，内容多，线条也多，虽然也有留白的树冠，但整体以灰色调为主。

整图的风格体现着细腻、明快的特点，所用线条短而精准。要注意树木之间层次的梳理，这有两种技法可供借鉴，一是相邻的树木明暗部位要错开，形成相互衬托和对比的关系，不能混在一起，特别是对树梢和树冠边线的处理，一定要明确、清晰、具体，不能含糊。二是根据树种的不同，选择适宜的线条类型，表达出树木各自的特征。

图 4 - 44

第四十四讲

　　上岸青村，是青州杨集较著名的传统村落，村子沿峡谷而建，地形陡峭，风光奇秀，峡谷常年溪水不断，景象壮观。沿峡谷边的窄道一路向上，就来到了村中道路的交会处，此处犹如十字路口，可通往四个方向，其中一处窄巷可拾级而上，画中的场景就是这巷子的入口处（见图4-45）。

　　村中老房子，墙体及诸多构筑物，均采用块状石头砌成，外观风格上非常统一，虽经漫长岁月洗礼，房屋仍旧坚固。巷子入口处较低，向上一路攀升，我在巷口处向上看，并未看到巷子通往何处，一座较高的石头建筑阻挡了视线，也转折了巷道行进的方向。巷口对面有座石桥，上有条石，我坐在上面，完成了对这个场景的刻画。

　　窄窄的台阶巷子，两侧是古老的房屋，高大的墙体组成一个半封闭的空间。台阶的石块本就长短不一、大小有别，勉强组合在一起，承担着踏步的功能，又遭岁月的长期侵蚀，早已坑洼不平、缺角裂纹，满目的沧桑感。两侧屋墙就平整了很多，石块的排列也更加严丝合缝，屋墙的基部是一块面积不大的平台，两侧堆满了柴木等杂物，排在墙根的石块是当地人天然的坐凳。平台往后，又是几级台阶，堆放了随时可能使用的石块，而后台阶右转，消失在画面里。高处一栋老屋横在台阶上方，使这个本就窄的巷子过道更加封闭。画面的最上方，一棵枯枝老树从右侧屋顶探出，伸到巷子的正上方，如同一把大伞，庇护着下面的平凡生活，也使画面的趣味性得到了增强。

　　大多层叠的空间，均是低视点构图，本图也不例外，采用一点透视的形式，但灭点极低，所有与画面垂直的线，大都向下倾斜，指向位于下方平台的消失点。巷子窄，建筑物又有高度，视点又低，使构图呈长条形状，极具张力。由于巷口和上方过道无遮挡，所以在色调分布上，画面上部和下部都浅。巷子中间平台处光线少，两侧屋墙及中间台阶色调为全图最深，呈 U 字形，密集的线条大多分布在这个区域。另外，上方的树干，本身颜色就黑，所以色调也深些。右侧有一面开了两个窗的墙，属于后来加建的混凝土材质，将其完全留白，没有铺色调，使画面的组成材质更加纯粹。

　　同一种材质，仅仅是大小形状不同，组成了不同的物体，被安置在同一个画面里，要如何塑造出它们各自的特征，同时使画面具有视觉冲击力？唯独光线和明暗是正确的解决途径，简言之，就是把暗的地方画深，把亮的地方画浅，问题在于，怎样才能正确地控制和表现好亮和暗，这依赖于概括能力和线条的使用能力。如本图中较暗的区域，完全使用短线条，按石块结构和质感排列，使线条规律地组合在一起，形成密集的暗部，同时保证了细节的存在。亮部要减少线条，用较少的线条，表达出应有的特征，使明暗发挥出塑造画面的作用，这和概括能力息息相关。

图 4 - 45

第四十五讲

　　这座石桥是杨集上岸青村最为著名的标志性建筑，很多摄影爱好者来到这里，就是为了拍下它古朴的样子。石桥位于村中交通交会处，不仅承担着重要的交通功能，更是当地人文精神的体现。石桥下方，是深深的峡谷，常年流水不断，横跨于峡谷两侧的石桥，景象异常壮观。石桥完全依靠手工修建，采用当地碎石块作为材料，一点点垒成，桥洞呈尖拱形，极具特色，在条件简陋的情况下，依然能通过双手创造出实用且美观的造型，极大体现了当地人的人文情怀和精神，以至于这座桥成为村子的重要象征。

　　画面的构成元素较简单（见图4-46），主体的石桥，右侧树木的一部分树冠，远处峡谷上方的石墙，以及石墙内一栋体量不大的房屋，这是场景里的全部物体，实际的情形要复杂得多，右侧还有建筑物存在，桥上堆放着若干杂物，在构图时都进行了取舍。石桥的位置本身就低矮，从视点位置看，它的主体位于视平线以下，所以画面中线以下完全被石桥占据，面积较大，与表现主题的体量相符。右侧的树冠其实不是在桥的正上方，而是位于桥的一侧，角度的原因，看上去与上方空间存在一定重叠，却也恰巧弥补了画面上部的单调感。远处房屋的比例被缩小了，实际要大许多，缩小后空间层次关系显得更为开阔，同时使作为主体的石桥在视觉上更加突出。

　　画中的物体存在多种转折的角度，后面石墙及房屋与石桥皆不平行，前后关系虽明确，却各自成不同的角度，因此画中没有统一的透视关系。但同一个物体，例如石桥，在表现它的细节时，应当遵循自身的透视规律，不能凭感觉去画。整个图的视平线大约位于桥面两侧的长石条上方，石桥的主体是两点透视的形式，这从桥洞最下方的线条倾斜度与石桥上部较平的线条间的关系就能判断出来。画面的整体色调深浅适宜，由于内容元素不多，较暗的区域集中在桥洞内部的最上方，也就是光线最暗的地方，其余的部位以灰色调为主，整体还是较为耐看的。

　　画面以细致的线条铺设，营造了丰富的细节，特别是桥体的材质表达，石块经粗糙打磨的特征，略呈方形，表面平整度欠佳，使用轻快干净的线组，按不同方向描绘填充，注意桥体的转折，转折面要体现明暗差异。石块大小不要统一，形状上可以随意些，但一定体现出石块垒砌的神韵。桥面上的长石条，比下方的石块大，也规整许多，线条也相应地提高了平整度。上方树冠也用细致的技法刻画，树叶特征交代清晰，重点描绘了树冠下部的深色区域。就线条使用来说，整幅图体现了较细腻的画面风格特点。

图 4 – 46

第四十六讲

　　上岸青村沿峡谷分布于两侧，谷深而常年流水不断，景色巍然、山清水秀，这个场景就是村中地势较平缓处的峡谷景象，可由较低的河床进入，峡谷内水流并不湍急，上方树木茂盛，光线不易照射进来，正午时分是较好的纳凉地，但地形崎岖，并不宜久坐。

　　峡谷如同一个巨大的深井，四周封闭，深处其间，不免感叹于大自然的鬼斧神工，陡峭的峡壁宛如刀劈，由于峡谷上方紧挨村子的房屋或是道路，所以峡壁较陡或者峡基不稳之处，都经由人工加固，使用碎石块按崖壁角度重塑，砌成不易坍塌的壁面，远远看去和建筑的墙面极其相似，图中右侧墙壁最上方、正对面等处都已加固处理（见图4－47）。所以，这张速写看似是一幅自然风景题材的作品，但实则也包含了当地的人文因素和居住环境特征，属于人工构筑物的一部分。

　　坐在峡谷的乱石上，清凉的风令人心旷神怡，头脑清醒，我思考着这个以自然景观为主的场景，该用什么样的线条表达，有一点可以确定，那就是起码应该有别于此处的建筑表现手法。仔细观察后发现，天然石壁的形状块面感仍然较强，规则的线条是适宜的，崖壁上的树，仍然采用符合树冠特征的线条组合表达。两种线条的结合，既有对比，又能形成各自的体系。

从观察点望去，峡谷峭壁显得异常高大，加上树木便更加高耸，这张作品并没有刻意将视点放低，而是采用了正常的视域表现眼前的场景，得到一个期望中的视觉效果。在构图上，可分成上、中、下三部分，上部是峭壁上生长出的树木，中部是崖壁，也是画面的重点，最下部是峡谷中的石头河道，散乱的石块和流动的水。色调分布极容易理解，上方树木颜色最浅，中间崖壁两侧浅，正对面的区域刻画详细，呈灰色调，最下方的石头河道色调最深，上、中、下色调分别为浅、灰、深的关系，形成了稳定的色调构成关系。

崖壁虽然是画面重点，但并未进行全面的细致刻画，而是从三面崖壁中挑了正中的一面，做了深入表现，原因在于，三面崖壁分别呈不同的角度，左右两侧崖壁距视点近一些，受光多，色调浅；中间崖壁远，色深，加强中心位置，易使其特征突出，与两侧形成对比，更能靠色调的变化拉开空间层次。线条使用短而直的横线，从上往下依次加密，至最下方，与河道石块连为同一色调。河道的石块重点表现出块面及散落感，远处的小，近处的体量大，由于视点低，整体呈现扁平的状态，相互遮挡着，较暗的面直接涂黑，制造强烈的明暗对比。上方的树最浅，用极概括的线条表现出树冠的轮廓，只对中间一棵树冠的局部做了稍细致的刻画。

图 4 –47

第四十七讲

　　背街巷子的题材，一直是我喜欢的钢笔速写类型，它界定出的场所，尺度一般都比较宜人，具有室外环境通透的光线感，同时也具有室内环境有限的空间感。年代久远的巷子，总是充满了浓浓的人文气息，特别是受地域文化浸染的时间越长，包含旺盛生命力的场所精神就越加明显，对我而言就越有吸引力。

　　这是一处饱含异域风情的街巷，正午强烈的阳光照下来，暖色的建筑外墙异常明亮，仿佛变成白色一般，刺眼的光芒，催生了诸多遮阳的措施，人们在巷子的墙上，拉起遮阳的篷布，篷布多为黄色、黑色或者白色，风吹过时，伴随着"噗噗"的声音而上下翻飞着，既挡光又遮雨。篷布以下的区域，光线被阻断，顿时变得昏暗起来，甚至难以区分深暗中的物体细节。上部明亮的建筑，强烈的光感，同下部昏暗的区域形成了鲜明的对比，宛如一布之隔的两个世界（见图4-48）。

　　从视点看去，巷子向右侧转折，消失在画面的右下方，以人的正常视野呈现场景，是此类题材常用的视角，得到的效果往往在视觉上比较舒适。两侧建筑墙体距离很近，围合了竖向的垂直空间，篷布的遮盖，又使巷子略显压抑，但却符合人的活动尺度。在构图上也平衡了各类元素，建筑是竖向线条的载体，位于画面的两侧，篷布的加入产生了斜向的线条，而中间建筑的上端线，与篷布的斜线呈相反的方向，形成呼应之势。两条竖线与两条倾斜角度相反的斜线，共同构成了画面的框架，建立起极其稳定的构图。

　　几乎所有的深色调都集中在了画面中下部，篷布的底面、复杂的建筑挑檐的背光部分、临街店铺的玻璃窗内部以及圆形的拱门，都是画面最深的区域。右侧墙面和地面则呈灰色调，面积也最大，调和着黑色与白色的极端色差，同时使画面具有了丰富的细节和质感。

　　整图的线条使用，既规范又灵动，特别是长长的竖向线条，规整而有力，体现着建筑的挺拔之气。右侧墙面的竖线，线条变短，篷布的下方则是阴影的表现，没有具体的形状，线条散落着，不拘谨。而地面的投影线又使用了规则的横线铺陈，由密到疏，表达着远近光感的变化。复杂的挑檐全为木质，线条使用顺应结构，同一结构线条一样，但都较密集，暗的地方直接涂黑。注意篷布的线条也要顺着形状，用细线交叉排列，较暗区域色深，但不完全涂黑，而是留有空隙。留白墙面上的窗户，用简单的线条，只刻画暗部的形状，在白色墙面中异常醒目，产生了强烈的对比效果。

图 4－48

第四十八讲

正午时分的街巷景观，阳光所到之处均明亮耀眼，地面和墙面强烈的反光，又使背光的区域充满细节和光感。这是一条熙熙攘攘的巷子，人群往来，热闹中又充斥着平凡生活的气息，斑驳陈旧的土黄色墙面见证了这条窄巷经年累月的沧桑，深浅相间的褐色条纹遮阳棚，与由横七竖八的白线拉起的篷布，彰显了浓郁的地域特色。

这幅速写（见图 4-49）的构图较有特色，以稍偏的视角呈现出场景，右侧建筑的墙体线把画面一分为二，较多的元素，都集中在了左半部分，各色人物、远处搭建的棚屋、低矮的建筑、上方的遮阳帘、拉出的篷布等，密集而复杂。右侧则极简单，就是墙面、窗户和部分篷布。两侧一动一静，一整一散，反差明显。竖向的墙体线自上而下处于画面的中心，而拉起的篷布则犹如一条横线，贯穿画面东西，这两条重要的画面构成线，搭建起了场景的主要骨架，使上下左右呈现出平衡的态势，而充满细节的墙面与左侧杂乱的物体也能得到均衡，这些因素都使画面具有了稳定的感觉。

灰色调占据了画面的大半部分，场景中所有物体的细部特征，也是靠灰色调的线条塑造，因此可以说，图中充满了大量线条绘制的细节，画面的风格也建立在细腻线条的基础上，显得严谨而富有变化。留白的位置，在画面中心不规则的空隙处和地面上阳光直射的区域，这些留白区域被灰色调包围着，明亮显眼，不仅使整体画面更加透气，也体现出了正午光线的强烈。深色区域集中在画面中间，位于篷布的底面，接近黑色。这样整幅图的色调分布就十分清晰了，灰色调居于四周，面积最大，亮部在上方和下方的空隙，而深色横居于中心，画面层次鲜明，视觉效果较为通透。

大量的线条铺陈在画中，大都是规整的类型，风格统一，除了人物外，场景中都是规则的物体，线条所选类型应符合物体的特征。描绘不同的物体，一定要采用不同的线条类型，以体现物体的外观特点。如果一幅速写从头到尾只用一种线条类型表达，不仅乏味，还反映出对线条全面掌握的欠缺。

上方遮阳帘采用了倾斜的竖线，只须加深条纹，其余平铺即可。地面的横线条不存在透视变化，把握好疏密排列，出线的速度要快、干净，尽量不叠加，体现出投影边缘清晰的界限。右侧墙体面积最大，细节也较多，采用横、竖线交替使用，表达墙面砖材的破旧质感。篷布下方区域线条密集，中间部位稀疏，最下端又密，充满了变化的光感。篷布背面顺着弧形的结构用线，采用交叉线填充，与其他物体相区别。人物的线条简约，只针对着衣特征用线，线条简练而概括，略施明暗。

图 4 – 49

第四十九讲

　　一条略带尼泊尔风情的商业街，充满了宗教文化的气息，购物闲逛的人群，川流不息。这条窄窄的街巷，没有过多的现代材料的修饰，完全是传统的地域文脉的展现，却拥有浓厚的商业氛围，以及人与环境和谐的交互关系。

　　所有建筑的墙面，均是偏暖的土黄色调，类似夯土的外立面材料，显得自然而质朴，整个场景由于光线的反射，都充满了偏暖的土地的颜色，带有造型的挑檐结构、红褐色的窗格等都是木材质，规格稍高的门楼则为砖石雕刻，带有装饰的民族文化图案，建筑入口的挂灯，也具有民族特色，远处挑檐的上方斜着拉了几根电线，无意间更突出了建筑的破旧感（见图 4－50）。

　　这张速写的透视关系，原本平淡，视点也符合正常的视野，但正对面的建筑有一定的高度，超出了画面所包含的范围，作为表现重点的门楼也位于画面上方，所以在具体处理时，有意将较长的竖向线条向上方收窄，在上面较远处形成一个消失点，以制约画面的竖向关系，这样画面就由原先的平缓透视变成了倾斜透视，整体的构成模式，也因这一小小的调整而变得更有趣味。

　　画面整体的色调是偏深的，全图中除了较高建筑的一个受光面外，其余均在背光环境里，因此分清楚同处背光中的各个元素的层次关系是至关重要的。深色调的部位大都一致，位于挑檐下方和门楼内部较暗的区域，能看见室内的建筑门窗，也有部分涂黑。其余的物体，基本上都处理成了灰色调，但在灰色调中，又运用了一些具体技法，使各物体拉开距离、分出层次。

线条的具体用法实现了对层次关系的塑造，画面中竖向的长线有多条，均为建筑的结构线，也是画面关系的主要分割线，因此，表达色调和质感的线条，就不宜再用竖线，而是全部采用了横线。场景里上部有转折关系的两面墙体，占面积较大，全部沿透视方向填充了横线条，但为了体现前后关系，也巧妙地借用了墙体角度的转折，左侧墙体的横线密集在中间区域，右侧则密集在下部，虽同为背光区域，但前后层次也能因此分得开。这种横线能长则长，运笔要快，干净利落，笔触纤细、肯定，尽量不要断开，如需要续接，也不要形成线条的重叠。门楼是重点描绘的建筑结构，强调细部特征，虽然光线暗，但要交代的细节要画到位，深暗中的结构不能简单涂黑，可以密集排线表达。人物占了画面相应的面积，就不能只勾勒轮廓，而应把性别、着衣风格、明暗分布等予以细化。

图 4 – 50

第五十讲

这是重庆一处日常所见的街景（见图4-51），浓郁的生活气息充斥在画面里，再简单不过的生活方式每天重复着，固定的人在固定的时间经过这里，上班、下班，日常琐碎，一切再平凡不过。但在画者眼里，这平淡而无趣的生活场景，也许具有某种诗意和哲理。

破败的楼房、陈旧的墙面，充满烟熏火燎的味道，沿着左侧陡峭的楼梯，可以去到上方带有栏杆的平台，平台下是横向的小石块拼成的墙面，阴暗而潮湿，墙根处长出了成片的攀缘植物。墙的右侧是极具年代感的楼房，阳台带有拼花的装饰，晾晒的衣服说明仍然有人居住。平台的上方也是密集的建筑，有简陋的门和窗户，三五人群，聚集着聊天。最下方略微平整的道路，多年的地砖也已经被奔波于路上的人们，踩出怀旧的质感。

这是一个略显单调的场景，一切都是破旧的，构成元素无趣，光线也是阴暗的，甚至连颜色都好像褪成了灰色调。如果单单是这些元素，永远无法激起临场创作的欲望，但一棵生长于硬地上的大树的加入，完全改变了场景阴暗乏味的标签。大树由左侧地面长出，强壮的树干和枝条贯穿画面上下，嫩绿色的新生枝叶在灰暗的环境里异常醒目，与墙角深绿色的攀缘植物，形成了丰富的绿色系层次。在一片破旧的角落里，生命却如此顽强地绽放，顿感这片颓废的环境具有了勃勃生机。

画面具备两点透视的特征，最上端的横线向下倾斜，树木枝条的加入产生了反向的线，在态势上相互牵制，使画面均衡。大树作为画面的第一个层次，由下往上，枝条慢慢增多、变细，中上部逐渐长出树叶，画面空隙变小，遮挡变密实，画面范围内的树干姿态，舒展而遒劲，得到了细致的刻画，树干的明暗分布也予以表达，使粗壮树干的体积感得以强化。破旧的石墙和建筑，以及攀缘植物，是画中的第二个层次，也是重点描绘的物体，色调深，线条密集，形成浓郁的背景氛围。

整个画面的色调，因为阴暗的环境特征而变得深沉，特别是石墙，面积大，线条多，并且是短线条竖向排列，密集而烦琐。墙上攀附的植物，采用了相反的手法，以留白为主，用少量枝叶线条，概括出植物特征，一深一浅，做出了强烈的对比，也为第一层次的树干刻画，留出了灰色调的空间。树干用斜向的弧线条表达，时而变换方向，体现树皮的粗糙感，暗部加深，塑造出圆柱形的体积感。对地面铺装的描绘，用横向的线条组，规则排列，地面的受光总会多些，线条不必过于密集。竖向的铺装分格线，透视感强烈，应找准透视点位置，保证分格线倾斜角度的准确性。

图 4 – 51